丛书阅读指南

第2章
Photoshop基本操作

使用Photoshop编辑处理图像文件之前，必须先掌握图像文件的基本操作。本章主要介绍了Photoshop CC 2017常用的文件操作命令、图像文件的新建、浏览和尺寸的调整，使用户能够更好、更有效地掌握和处理图像文件。

例2-1 新建图像文件　　　　例2-6 更改图像文件大小
例2-2 打开已有图像文件　　例2-7 更改图像文件的大小
例2-3 存储图像文件　　　　例2-8 更改图像的排列方式
例2-4 使用【导航器】面板　例2-9 使用【历史记录】面板
例2-5 更改图像的排列方式　例2-10 制作商业名片

紧密结合光盘，列出本章有同步教学视频的操作案例。**教学视频**

章首导读
以言简意赅的语言表述本章介绍的主要内容。

2.2 实例概述
简要描述实例内容，同时让读者明确该实例是否附带教学视频或源文件。

【例2-4】在Photoshop CC 2017中，使用【导航器】面板查看图像。
视频+素材（光盘素材\第02章\例2-4）

步骤01 选择【文件】|【打开】命令，选择打开图像文件。选择【窗口】|【导航器】命令，打开【导航器】面板。

步骤02 当窗口中不能显示完整的图像时，光标移至【导航器】面板的代理预览区域，光标会变为抓手状，单击并拖动鼠标可移动画面，代理预览区域内的图像会显示在文档窗口的中心。

步骤03 在【导航器】面板底部的文本框中显示放大或缩小的比例值，在数值框中输入数值可更改图像显示的比例。

步骤04 在【导航器】面板中单击【放大】按钮

操作步骤
图文并茂，详略得当，让读者对实例操作过程轻松上手。

2.2.2 使用【缩放】工具查看

在图像编辑处理的过程中，经常需要对编辑的图像按需地进行放大或缩小，以便于图像的编辑操作。在Photoshop中可使用多种方法，可以使用【缩放】工具、【视图】菜单命令等。

使用【缩放】工具可放大或缩小图像。使用【缩放】工具时，每单击一次都会将

5.4 图章工具

在Photoshop中，使用图章工具组中的工具也可以通过提取图像中的像素样本来复制图像，绘制出同样的图像或者填充图像中的缺陷。

知识点拔
在文中加入大量的知识信息，或是本节知识的重点解析以及难点提示。

步骤01 选择【仿制图章】工具，在控制面板中选择一种画笔样式，在【样本】下拉列表中选择【所有图层】选项。

步骤02 按住Alt键在要修复图片的位置单击设置取样点，然后在要修复的位置按住鼠标左键进行涂抹。

知识点拨
复选框，可以对图像沿着连续采样，而不会丢失当前设置的参考点位置。即使释放鼠标按键也如此，取消选中，则会在每次停止并重新开始绘制时，使用最初设置的参考点位置。默认情况下，【对齐】复选框处于启用状态。

【例5-7】使用【仿制图章】工具修复图像画面。
视频+素材（光盘素材\第05章\例5-7）

步骤01 选择【文件】|【打开】命令，打开图像文件，单击【图层】面板中的【创建新图层】按钮新建图层。

进阶技巧
讲述软件操作在实际应用中的技巧，让读者少走弯路、事半功倍。

进阶技巧
【仿制图章】工具并不限定在同一图像中进行，也可以把某张图像的部分内容复制到另一张图像之中，是在进行不同图像之间的复制时，可以将两张图像并排放在Photoshop窗口中，以使所选图像的复制位置及目标图像的复制起始位置得以显示。

2.7 疑点解答

问：如何在Photoshop中创建新库？
答：在Photoshop中打开一个图像文档，然后单击【库】面板右上角的面板菜单按钮，从弹出的菜单中选择【从当前文档创建新库】命令，或选择菜单栏【库】面板底部的【创建新库】按钮，在【从文档创建新库】对话框中，选择所需的资源，然后单击【创建库】按钮即可将打开的图像文件中的资源添加到新库中，以便在其他文档中重复使用该资源。

问：如何在Photoshop CC 2017中应用Adobe Stock中的模板？
答：Adobe Stock 提供了数百万张精美的免版税内容图库，插图和矢量图形。在Photoshop中利用 Adobe Stock 丰富的模板和空白项目，可以使用户快速着手创作的创意项目。选择【新建文档】对话框中的文档，或【最近使用】选项卡最后下载过的模板，选中所需的模板，单击【打开】按钮即可到工作区中。

疑点解答
对本章内容做扩展补充，同时拓宽读者的知识面。

问：在Photoshop CC 2017中的画板？
答：平面设计师，会发现每一个设计项目都需要整合各种设备的应用程序的界面，这时Photoshop中的画板，它可以帮助用户快速可视化的过程。在画布上摆置适合不同的设备和屏幕的设计。

在Photoshop中要创建一个带有画板的文档，可以选择【文件】|【新建】，在【新建文档】对话框中，选中【画板】选项，选择预设的画布尺寸或设定自定义尺寸，然后单击创建按钮即可。

如果已有文档，可以将某些图层或图层组转换为画板。在已有文档的【图层】面板中，选择要转换的图层，并在选取的图层组右上方，从弹出的菜单中选择【来自图层组的画板】命令，即可将转换为画板。

光盘附赠的云视频教学平台能够让读者轻松访问上百 GB 容量的免费教学视频学习资源库。该平台拥有海量的多媒体教学视频，让您轻松学习，无师自通！

图1

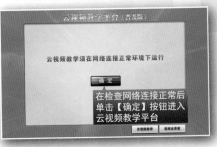

在检查网络连接正常后单击【确定】按钮进入云视频教学平台

图2

该界面中可以单击想学习的案例标题，即可进入对应的视频播放界面；此外，单击下方的翻页按钮可以查看其他视频教学内容

图4

在主界面中单击您想学习的图书标题，即可进入对应的教学内容界面

图3

进入视频教学界面，单击下方控制条可以控制视频教学的播放

图5

》 光盘主要内容

　　本光盘为《入门与进阶》丛书的配套多媒体教学光盘，光盘中的内容包括18小时与图书内容同步的视频教学录像和相关素材文件。光盘采用真实详细的操作演示方式，详细讲解了电脑以及各种应用软件的使用方法和技巧。此外，本光盘附赠大量学习资料，其中包括多套与本书内容相关的多媒体教学演示视频。

》 光盘操作方法

　　将DVD光盘放入DVD光驱，几秒钟后光盘将自动运行。如果光盘没有自动运行，可双击桌面上的【我的电脑】或【计算机】图标，在打开的窗口中双击DVD光驱所在盘符，或者右击该盘符，在弹出的快捷菜单中选择【自动播放】命令，即可启动光盘进入多媒体互动教学光盘主界面。

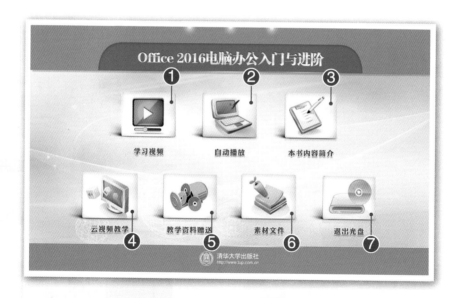

Office 2016电脑办公入门与进阶

① 学习视频　　② 自动播放　　③ 本书内容简介

④ 云视频教学　　⑤ 教学资料赠送　　⑥ 素材文件　　⑦ 退出光盘

清华大学出版社
http://www.tup.com.cn

① 进入普通视频教学模式
② 进入自动播放演示模式
③ 阅读本书内容介绍
④ 单击进入云视频教学界面
⑤ 打开赠送的学习资料文件夹
⑥ 打开素材文件夹
⑦ 退出光盘学习

光盘使用说明

普通视频教学模式

图1

- 赛扬 1.0GHz 以上 CPU
- 512MB 以上内存
- 500MB 以上硬盘空间
- Windows XP/Vista/7/8/10 操作系统
- 屏幕分辨率 1024×768 以上
- 8 倍速以上的 DVD 光驱

光盘运行环境

单击【学习视频】按钮

图2

① 单击章节名称

② 单击实例名称

图3

进入普通视频教学界面

控制视频教学播放

自动播放演示模式

图1

单击【自动播放】按钮

图2

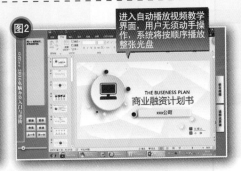

进入自动播放视频教学界面，用户无须动手操作，系统将按顺序播放整张光盘

赠送的教学资料

图1

② 打开光盘中教学资料所在文件夹

① 单击【教学资料赠送】按钮

图2

② 打开光盘中素材文件所在文件夹

① 单击【素材文件】按钮

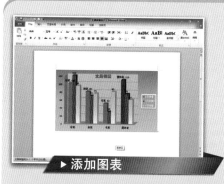

▶ 添加图表

▶ 编辑图表

▶ 添加表格背景

▶ 添加底纹

▶ 数据透视图

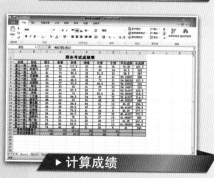

▶ 计算成绩

▶ 套用表格样式

▶ 计算价格

▶ 自定义排序

▶ PPT普通视图

▶ 制作宣传单

▶ 数据透视图和表

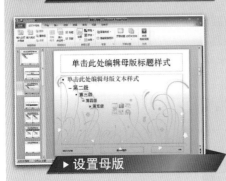

▶ 设置母版

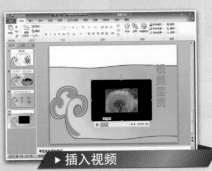

▶ 插入视频

▶ 宣传展示PPT

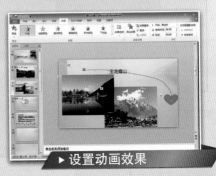

▶ 设置动画效果

入门与进阶

Office 2010
电脑办公
入门与进阶 (第2版)

洪妍 ◎ 编著

清华大学出版社

北京

内容简介

本书是《入门与进阶》系列丛书之一。全书以通俗易懂的语言、翔实生动的实例，全面介绍了使用Office 2010软件进行电脑办公的操作技巧和方法。本书共分12章，涵盖了Office 2010办公基础、管理办公系统和文件、Word办公基础操作、Word文档的图文混排、Word文档的高级排版和优化、Excel 2010基础操作、表格的公式与函数应用、管理和分析表格数据、PowerPoint 2010基础操作、幻灯片版式和动画设计、放映与输出演示文稿，电脑网络化办公等内容。

本书内容丰富，图文并茂。全书双栏紧排，全彩印刷，附赠的光盘中包含书中实例素材文件、18小时与图书内容同步的视频教学录像和3至5套与本书内容相关的多媒体教学视频，方便读者扩展学习。此外，光盘中附赠的"云视频教学平台"能够让读者轻松访问上百GB容量的免费教学视频学习资源库。

本书具有很强的实用性和可操作性，是面向广大电脑初中级用户、家庭电脑用户，以及不同年龄阶段电脑爱好者的首选参考书。

本书封面贴有清华大学出版社防伪标签，无标签者不得销售。

版权所有，侵权必究。侵权举报电话：010-62782989 13701121933

图书在版编目(CIP)数据

Office 2010电脑办公入门与进阶/洪妍 编著. —2版. —北京：清华大学出版社，2018
(入门与进阶)

ISBN 978-7-302-48109-6

Ⅰ. ①O… Ⅱ. ①洪… Ⅲ. ①办公自动化－应用软件－基本知识 Ⅳ.①TP317.1

中国版本图书馆CIP数据核字(2017)第207069号

责任编辑：胡辰浩　李维杰
装帧设计：孔祥峰
责任校对：成凤进
责任印制：杨　艳

出版发行：清华大学出版社
　　　　　网　　　址：http://www.tup.com.cn，http://www.wqbook.com
　　　　　地　　　址：北京清华大学学研大厦A座　　　邮　　　编：100084
　　　　　社 总 机：010-62770175　　　　　　邮　　　购：010-62786544
　　　　　投稿与读者服务：010-62776969，c-service@tup.tsinghua.edu.cn
　　　　　质 量 反 馈：010-62772015，zhiliang@tup.tsinghua.edu.cn
印 刷 者：北京鑫丰华彩印有限公司
装 订 者：三河市溧源装订厂
经　　销：全国新华书店
开　　本：150mm×215mm　　　印　张：16.75　　　插　页：4　　　字　数：429千字
　　　　　（附光盘1张）
版　　次：2013年6月第1版　2018年1月第2版　　印　次：2018年1月第1次印刷
印　　数：1～3500
定　　价：48.00元

产品编号：062148-01

 前言

　　熟练操作电脑已经成为当今社会不同年龄层次的人群必须掌握的一门技能。为了使读者在短时间内轻松掌握电脑各方面应用的基本知识，并快速解决生活和工作中遇到的各种问题，清华大学出版社组织了一批教学精英和业内专家特别为电脑学习用户量身定制了这套《入门与进阶》系列丛书。

丛书、光盘和网络服务

　　◎ 双栏紧排，全彩印刷，图书内容量多实用　本丛书采用双栏紧排的格式，使图文排版紧凑实用，其中260多页的篇幅容纳了传统图书一倍以上的内容。从而在有限的篇幅内为读者奉献更多的电脑知识和实战案例，让读者的学习效率达到事半功倍的效果。

　　◎ 结构合理，内容精炼，案例技巧轻松掌握　本丛书紧密结合自学的特点，由浅入深地安排章节内容，让读者能够一学就会、即学即用。书中的范例通过添加大量的"知识点滴"和"进阶技巧"的注释方式突出重要知识点，使读者轻松领悟每一个范例的精髓所在。

　　◎ 书盘结合，互动教学，操作起来十分方便　丛书附赠一张精心开发的多媒体教学光盘，其中包含了18小时左右与图书内容同步的视频教学录像。光盘采用真实详细的操作演示方式，紧密结合书中的内容对各个知识点进行深入的讲解。光盘界面注重人性化设计，读者只需要单击相应的按钮，即可方便地进入相关程序或执行相关操作。

　　◎ 免费赠品，素材丰富，量大超值实用性强　附赠光盘采用大容量DVD格式，收录书中实例视频、源文件以及3~5套与本书内容相关的多媒体教学视频。此外，光盘中附赠的云视频教学平台能够让读者轻松访问上百GB容量的免费教学视频学习资源库，在让读者学到更多电脑知识的同时真正做到物超所值。

　　◎ 在线服务，贴心周到，方便老师定制教案　本丛书精心创建的技术交流QQ群(101617400、2463548)为读者提供24小时便捷的在线交流服务和免费教学资源；便捷的教材专用通道(QQ：22800898)为老师量身定制实用的教学课件。

本书内容介绍

　　《Office 2010电脑办公入门与进阶(第2版)》是这套丛书中的一本，该书从读者的学习兴趣和实际需求出发，合理安排知识结构，由浅入深、循序渐进，通过图文并茂的方式讲解Office 2010电脑办公应用的基础知识和操作方法。全书共分为12章，主要内容如下：

第1章：介绍Office 电脑办公入门的基础相关内容。
第2章：介绍管理办公系统和文件的操作方法和技巧。
第3章：介绍Word 2010基础操作的方法和技巧。
第4章：介绍Word 文档图文混排的方法和技巧。

第5章：介绍Word文档版面优化的方法和技巧。

第6章：介绍Excel 2010基础操作的方法和技巧。

第7章：介绍表格的公式与函数应用的方法和技巧。

第8章：介绍管理和分析表格数据的方法和技巧。

第9章：介绍PowerPoint 2010基础操作的方法和技巧。

第10章：介绍幻灯片版式和动画设计的操作方法和技巧。

第11章：介绍放映与输出演示文稿的操作方法和技巧。

第12章：介绍电脑网络化办公的操作方法和技巧。

读者定位和售后服务

本书具有很强的实用性和可操作性，是面向广大电脑初中级用户、家庭电脑用户，以及不同年龄阶段电脑爱好者的首选参考书。

如果在阅读图书或使用电脑的过程中有疑惑或需要帮助，可以登录本丛书的信息支持网站(http://www.tupwk.com.cn/improve3)或通过E-mail(wkservice@vip.163.com)联系我们，本丛书的作者或技术人员会提供相应的技术支持。

除封面署名的作者外，参加本书编写的人员还有陈笑、孔祥亮、杜思明、高娟妮、熊晓磊、曹汉鸣、何美英、陈宏波、潘洪荣、王燕、谢李君、李珍珍、王华健、柳松洋、陈彬、刘芸、高维杰、张素英、洪妍、方峻、邱培强、顾永湘、王璐、管兆昶、颜灵佳、曹晓松等。由于作者水平所限，本书难免有不足之处，欢迎广大读者批评指正。我们的邮箱是huchenhao@263.net，电话是010-62796045。

最后感谢您对本丛书的支持和信任，我们将再接再厉，继续为读者奉献更多更好的优秀图书，并祝愿您早日成为电脑应用高手！

《入门与进阶》丛书编委会
2017年10月

第1章　Office 电脑办公入门知识

第2章　管理办公系统和文件

第3章　Word 2010 小试牛刀

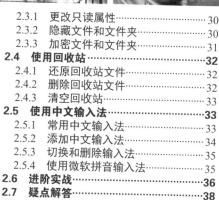

第4章 制作图文并茂的文档

第5章 Word文档的版面优化

第6章 Excel表格数据初识

第7章 使用函数计算数据

第8章 管理和分析表格数据

第9章 PowerPoint幻灯片初级制作

第10章 幻灯片动画美化设计

第11章 演示文稿的放映与发布

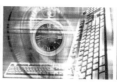

第12章 电脑网络化办公

第1章

Office 电脑办公入门知识

使用电脑办公可以简化办公流程，提高办公效率。Office 2010是美国Microsoft公司推出的办公软件，包含文字处理、电子表格和幻灯片制作等办公应用工具。本章将简单介绍Office 2010电脑办公的基础知识。

对应光盘视频

例1-1 自定义工作界面
例1-2 添加安装PowerPoint

1.1 电脑办公概述

随着电脑的普及，目前几乎在所有公司中都能看到电脑的身影，尤其是一些金融投资、动画制作、广告设计和机械设计等公司，更是离不开电脑的协助，电脑在办公领域里起着举足轻重的作用。

1.1.1 电脑办公的特点

电脑办公是指利用先进的科学技术，使人们的一部分办公业务及活动物化于人以外的各种现代化的办公设备当中，并由办公人员与这些设备构成服务于某种目的的人机信息处理系统。

电脑办公是当今信息技术高速发展的重要标准之一，具有如下特点：

🔹 电脑办公可以实现办公信息一体化处理。电脑办公通过不同技术的电脑办公软件和设备，将各种形式的信息组合在一起，使办公室真正具有综合处理信息的功能。

🔹 电脑办公可以使用户提高办公效率和质量。电脑办公是人们处理更高价值信息的一个辅助手段，它借助一体化的电脑办公设备和智能电脑办公软件，来提高办公效率，以获得更大效益，并对信息社会产生积极的影响。

电脑的主要功能就是利用现代化的先进技术与设备，实现办公的自动化，提高办公效率。电脑办公的具体功能表现如下：

🔹 公文编辑：使用电脑输入和编辑文本，使公文的创建和制作更加方便、快捷和规范化。

🔹 活动安排：主要负责对领导的工作和活动进行统一的协调和安排，包括一周的活动安排和每日活动安排等。

🔹 个人用户管理：可以用个人用户工作平台对本人的各项工作进行统一管理，如安排日程和活动、查看处理当日工作、存放个人的各项资料和记录等。

🔹 电子邮件：完成信息共享、文档传递等工作。

🔹 远程办公：通过网络连接远程电脑，完成所有办公信息的传递。

🔹 档案管理：对数据进行管理，如将员工资料与考勤、工资管理、人事管理相结合，实现高效、实时的查询管理，有效提高工作效率，降低管理费用。

1.1.2 电脑办公设备

电脑办公设备主要包括电脑和其他的电子办公设备。

1 电脑

电脑根据使用方式的不同可以分为台式机、笔记本电脑和平板电脑3种。台式机是目前最为普遍的电脑类型，拥有独立的机箱、键盘以及显示器，并拥有良好的散热性与扩展性；笔记本电脑是一种便携式的电脑，它将显示器、主机、键盘等必需设备集成在一起，方便用户随身携带。平板电脑(简称Tablet PC)是一种小型、方便携带的个人电脑，一般以触摸屏作为基本的输入设备。

2 电子办公设备

实现电脑办公不仅需要办公人员和电脑，还需要其他的电脑办公设备。例如：打印文件时需要打印机；将图纸上的图形和文字保存到电脑中时需要扫描仪；复印图纸文件时需要复印机；等等。下面将介绍一些常用的办公设备：

 打印机：通过打印机，用户可以将在电脑中制作的工作文档打印出来。在现代办公和生活中，打印机已经成为电脑最常用的输出设备之一。

 扫描仪：通过扫描仪，用户可以将办公中所有的重要文字资料或相片输入到电脑当中保存，或者经过电脑处理后刻录到光盘中永久保存。

 传真机：通过传真机，用户可以将照片等文档直接复制到异地的另一用户手中，从而轻松实现资源共享。

 移动存储设备：通过移动存储设备，可以在不同电脑间进行数据交换。

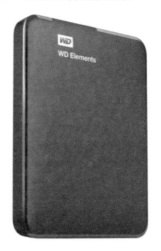

 数码相机：通过数码相机拍摄好的照片，可以直接连接到电脑或打印机，保存或打印出来。

1.1.3 办公电脑的构成

办公电脑由硬件与软件构成，下面将分别介绍电脑硬件和软件的组成部分。

1 电脑硬件的组成

对于大部分公司，用于日常办公的电脑多为台式电脑，电脑从外观上看，由显示器、主机、键盘、鼠标等几个部分组成，其功能如下：

- 显示器：显示器是电脑的I/O设备，即输入/输出设备，可以分为CRT、LCD等多种类型(目前市场上常见的显示器多为LCD显示器，即液晶显示器)。

- 主机：电脑主机指的是电脑除去输入/输出设备以外的主要机体部分。它是用于放置主板以及其他电脑主要部件的控制箱体。

- 键盘：键盘是电脑用于操作设备运行的一种指令和数据输入装置，是电脑最重要的输入设备之一。

- 鼠标：鼠标是电脑用于显示操作系统纵横坐标定位的指示器，因其外观形似老鼠而被称为"鼠标"。

2 电脑软件的组成

电脑软件指的是运行在电脑硬件上的一些程序，负责指挥电脑进行各种操作，以完成用户指定的任务。软件可分为两种：一种是系统软件，另一种是应用软件。

- 系统软件：系统软件是指为了方便用户操作、管理和维护电脑系统而设计的一种软件，主要包括操作系统、语言处理程序和服务性程序等。现在的主流操作系统是微软公司出品的Windows 10操作系统。

- 应用软件：除系统软件之外的其他软件都可以称为应用软件。正是因为有了各种各样的应用软件，才使电脑可以在各行各业大显身手，从而快速推动了电脑的普及和发展。应用软件按其功能大致可分为工具软件、办公软件、游戏娱乐软件和通信软件等。电脑办公软件主要有Office制作文档系列、WPS制作文档系列、Adobe制图系列等。

1.2 Office 2010的办公应用

Office 2010中包括Word 2010、Excel 2010、PowerPoint 2010等多种组件，这三项软件是日常办公中最常用的三大王牌组件，它们分别广泛应用于文字处理领域、数据处理领域和幻灯片演示领域。

1.2.1 Word 2010办公应用

Word 2010是一个功能强大的文档处理软件。它既能够制作各种简单的办公商务和个人文档，又能满足专业人员制作用于印刷的版式复杂的文档。使用Word 2010处理文件，大大提高了企业办公自动化的效率。

Word 2010主要有以下几种办公应用功能：

💡 文字处理功能：Word 2010是一个功能强大的文字处理软件，利用它可以输入文字，并可设置不同的字体样式和大小。

💡 表格制作功能：Word 2010不仅能处理文字，还能制作各种表格。

💡 图形/图像处理功能。在Word 2010中可以插入图/形图像对象，例如文本框、艺术字和图表等，制作出图文并茂的文档。

💡 文档组织功能：在Word 2010中可以建立任意长度的文档，还能对长文档进行各种管理。

💡 页面设置及打印功能：在Word 2010中可以设置出各种大小不一的版式，以满足不同用户的需求。使用打印功能可轻松地将电子文本转换到纸上。

1.2.2 Excel 2010办公应用

Excel是一款非常优秀的电子制表软件，不仅广泛应用于财务部门，很多其他行业用户也使用Excel来处理他们的业务信息。Excel 2010主要负责数据计算工作，具有数据录入与编辑、表格美化、数据计算、数据分析与数据管理等功能。

Excel 2010主要有以下几种办公应用功能：

💡 创建统计表格：Excel 2010的制表功能就是把用户所用到的数据输入到Excel中以形成表格。

💡 建立多样化的统计图表：在Excel 2010中，可以根据输入的数据来建立统计图表，以便更加直观地显示数据之间的关系，让用户可以比较数据之间的变动、成长关系以及趋势等。

💡 进行数据计算：在Excel 2010的工作表中输入数据后，还可以对用户所输入的数据进行计算，例如进行求和、求平均值、求最大值以及最小值等运算。此外，Excel 2010还提供强大的公式运算与函数处理功能，可以对数据进行更复杂的计算工作。

1.2.3 PowerPoint办公应用

　　PowerPoint是一个演示文稿图形程序，使用它可以制作出丰富多彩的幻灯片，并使其带有各种特效，使所有信息可以更漂亮地展现出来，吸引观众的眼球。

　　PowerPoint 2010主要有以下几种办公应用功能：

　　💡 多媒体商业演示：PowerPoint 2010可以为各种商业活动提供一个内容丰富的多媒体产品或服务演示平台，帮助销售人员向最终用户演示产品或服务的优越性。右上图所示为商业演示幻灯片。

　　💡 多媒体交流演示：PowerPoint演示文稿是宣讲者的演讲辅助手段，以交流为目的，被广泛用于培训、研讨会、产品发布等领域。

　　💡 多媒体娱乐演示：由于PowerPoint支持文本、图像、动画、音频和视频等多种媒体内容的集成，因此很多用户都使用PowerPoint来制作各种娱乐性质的演示文稿，例如手工剪纸集、相册等，通过PowerPoint的丰富表现功能来展示多媒体娱乐内容。

1.3 Office 2010的工作界面

Office 2010与Office 2007的工作界面相似，通过功能区将各种命令程序显示出来。本节将分别介绍Office 2010中的Word 2010、Excel 2010、PowerPoint 2010各自的工作界面。

1.3.1 Word 2010的工作界面

Word 2010的工作界面主要由快速访问工具栏、标题栏、功能选项卡、功能区、文档编辑区和状态栏等部分组成。

各组成部分的功能如下：

● 标题栏：用于显示正在操作的文档和程序的名称等信息，还为用户提供了3个窗口控制按钮，分别为【最小化】按钮▬、【最大化】按钮▢（或【还原】按钮▢）和【关闭】按钮✕。

● 【文件】按钮：位于界面的左上角，取代了Word 2007版本中的Office按钮，单击该按钮，在弹出的快捷菜单中可以执行新建、打开、保存和打印等操作。

● 功能选项卡：单击相应的标签，即可打开对应的功能选项卡，如【开始】、【插入】、【页面布局】等选项卡。

● 功能区：包含许多按钮和对话框的内容，单击相应的功能按钮，将执行对应的操作。功能选项卡与功能区是对应的关系，选择某个功能选项卡即可打开与其对应的功能区。

进阶技巧

在功能组的右下角还有一个对话框启动器▬，单击该按钮，将弹出与该功能组相关的对话框或任务窗格。

● 文档编辑区：它是Word中最重要的部分，所有的文本操作都在该区域中进行，用来显示和编辑文档、表格等。

● 状态栏：位于Word窗口的底部，显示了当前的文档信息，如当前显示的是文档第几页、当前文档的总页数和当前文档的字数等；还提供视图方式、显示比例和缩放滑块等辅助功能，以显示当前的各种编辑状态。

知识点滴

在状态栏中还可以显示一些特定命令的工作状态，如录制宏、当前使用的语言等。当这些命令为高亮时，表示目前正处于工作状态，若为灰色，则表示未在工作状态下。

1.3.2 Excel 2010的工作界面

Excel 2010的工作界面主要由【文件】按钮、标题栏、快速访问工具栏、功能区、编辑栏、工作表编辑区、工作表标签和状态栏等部分组成。

进阶技巧

与早期版本相比，Excel 2010默认的文件名称有所不同，其以【工作簿1】、【工作簿2】、【工作簿3】等进行命名。

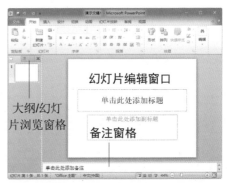

在Excel 2010的工作界面中，除了包含与Word组件相同的界面元素外，还有许多其他特有的组件，如编辑栏、工作表编辑区、工作表标签、行号与列标等，其功能如下：

❤ 编辑栏：位于功能区下侧，主要用于显示与编辑当前单元格中的数据或公式，由名称框、工具按钮和编辑框3部分组成。

❤ 工作表编辑区：与Word 2010类似，Excel 2010的工作表编辑区也是其操作界面最大且最重要的区域。该区域主要由工作表、工作表标签、行号和列标组成。

❤ 工作表标签：用于显示工作表的名称，单击工作表标签将激活工作表。

❤ 行号与列标：用来标明数据所在的行与列，也是用来选择行与列的工具。

1.3.3 PowerPoint 2010的工作界面

PowerPoint 2010的工作界面主要由【文件】按钮、快速访问工具栏、标题栏、功能选项卡、功能区、大纲/幻灯片浏览窗格、幻灯片编辑窗口、备注窗格和状态栏等部分组成。

进阶技巧

与PowerPoint 2007相比，PowerPoint 2010主要增强了动画效果和丰富的主题效果功能。此外，PowerPoint 2010还新增了【转换】选项卡，使用该功能可以快速地设置对象的动画效果。

在PowerPoint 2010的工作界面中，除了包含与Word和Excel组件相同的界面元素外，还有许多特有的组件，如大纲/幻灯片浏览窗格、幻灯片编辑窗口和备注窗格等，其功能如下：

❤ 大纲/幻灯片浏览窗格：位于操作界面的左侧，单击不同的选项卡标签，即可在对应的窗格间进行切换。在【大纲】选项卡中以大纲形式列出了当前演示文稿中各张幻灯片的文本内容；在【幻灯片】选项卡中列出了当前演示文档中所有幻灯片的缩略图。

❤ 幻灯片编辑窗口：它是编辑幻灯片内容的场所，是演示文稿的核心部分。在该区域中可对幻灯片的内容进行编辑、查看和添加对象等操作。

❤ 备注窗格：位于幻灯片窗格下方，用于输入内容，可以为幻灯片添加说明，以便放映者能够更好地讲解幻灯片中所展示的内容。

1.3.4 设置工作界面

Office 2010具有灵活可变的工作界面，用户可以通过设置菜单栏和工具栏来提高工作效率。

1 设置菜单栏和工具栏

选择【文件】|【选项】命令，打开【Word选项】对话框，选择【选项】选项卡，在其中可以对菜单栏的显示和打开方

式进行个性化设置。

【例1-1】通过自定义快速访问工具栏、功能区和Word选项，定制符合自己操作习惯的工作界面。 🎬视频

01 单击【开始】按钮，在弹出的【开始】菜单列表中选择【Microsoft Office】|【Microsoft Word 2010】选项，启动Word 2010应用程序。

02 打开Word 2010文档窗口，单击快速访问工具栏右侧的【自定义快速访问工具栏】按钮▾，从弹出的菜单中选择【打开】命令，将【打开】按钮添加至快递访问工具栏中。

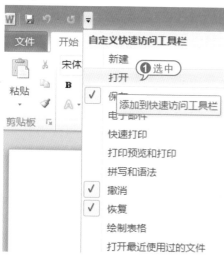

03 单击快速访问工具栏右侧的【自定义快速访问工具栏】按钮▾，从弹出的菜单中选择【其他命令】命令，打开【Word选项】对话框。

04 打开【快速访问工具栏】选项卡，在【从下列位置选择命令】下拉列表中选择【"文件"选项卡】选项，在其下方的列表框中选择【新建】选项，单击【添加】按钮，将其添加到右侧的【自定义快速访问工具栏】列表框中，单击【确定】按钮。此时将在快速访问工具栏中添加【新建】按钮。

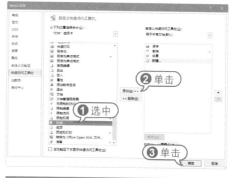

05 单击工作界面右上方的【功能区最小化】按钮 ▲，此时即可将功能区最小化显示。

06 单击【文件】按钮，从弹出的【文件】菜单中单击【选项】按钮，打开【Word选项】对话框。

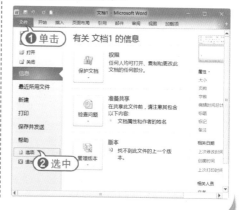

07 打开【常规】选项卡，在【用户界面选项】选项区域的【配色方案】下拉列表中选择【黑色】选项，单击【确定】按钮。

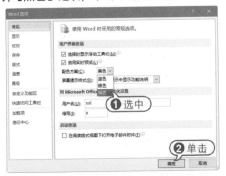

08 此时工作界面变为黑色，如下图所示。

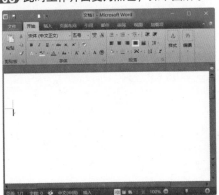

2 设置显示比例

设置显示比例通常有以下两种方法：

切换至【视图】选项卡，单击【显示比例】按钮，打开【显示比例】对话框，用户可以设置不同的显示比例效果。

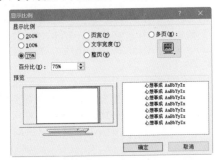

用户还可以在状态栏中拖动【显示比例】滑块来调整显示比例。

1.4 Office 2010的视图模式

Office 2010办公组件提供了多种视图模式供用户选择。用户首先来认识一下Word 2010、Excel 2010、PowerPoint 2010各自的视图模式。

1.4.1 Word的视图模式

在对文档进行编辑时，由于编辑的着重点不同，可以选择不同的视图方式进行编辑，以便更好地完成工作。Word 2010提供了5种文档显示方式，即页面视图、Web版式视图、阅读版式视图、大纲视图和草稿视图。

1 页面视图

页面视图是Word 2010的默认视图方式，该视图方式是按照文档的打印效果显示文档，显示与实际打印效果完全相同的文件样式。文档中的页眉、页脚、页边距、图片及其他元素均会显示于正确的位置，具有"所见即所得"的效果。

打开【视图】选项卡，在【文档视图】组中单击【页面视图】按钮，或者在视图栏的视图按钮组中单击【页面视图】按钮，即可切换至页面视图模式。

在页面视图模式中，页与页之间具有一定的分界区域，双击该区域，即可将页与页相连显示。

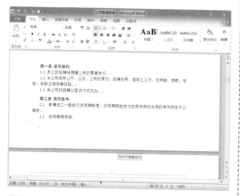

2 阅读版式视图

阅读版式视图是模拟书本阅读方式，即以图书的分栏样式显示，将两页文档同时显示在视图窗口中的一种视图方式。

打开【视图】选项卡，在【文档视图】组中单击【阅读版式视图】按钮，或者在视图栏的视图按钮组中单击【阅读版式视图】按钮，即可切换至阅读版式视图，它以最大的空间来阅读或批注文档。

在该视图模式下，可以显示文档的背景、页边距，还可以进行文本的输入、编辑等操作，但不显示文档的页眉和页脚。

进阶技巧

在阅读版式视图中，用户还可以单击【工具】按钮来选择各种阅读工具。如果要关闭阅读版式视图，单击右上方的【关闭】按钮，也可以直接按Esc键。

3 Web版式视图

Web版式视图以网页的形式显示Word 2010文档，适用于发送电子邮件、创建和编辑Web页。

打开【视图】选项卡，在【文档视图】组中单击【Web版式视图】按钮，或者在视图栏的视图按钮组中单击【Web版式视图】按钮，即可切换至Web版式视图模式。

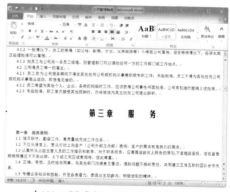

在Web版式视图模式下，可以看到背景和为适应窗口而换行显示的文本，且图形位置与在Web浏览器中的位置一致。

4 大纲视图

大纲视图主要用于设置Word 2010文档的设置和显示标题的层级结构，并可以方便地折叠和展开各种层级的文档。大纲视图被广泛用于Word 2010长文档的快速浏览和设置中。使用大纲视图，可以查看文档的结构，还可以通过拖动标题来移动、复制和重新组织文本。

打开【视图】选项卡，在【文档视

图】组中单击【大纲视图】按钮，或者在视图栏的视图按钮组中单击【大纲视图】按钮，即可切换至大纲视图。

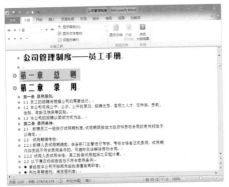

在该视图中，可以通过双击标题左侧的 ⊕ 图标来展开或折叠文档。

5 草稿视图

草稿视图主要用于查看草稿形式的文档，便于快速编辑文本。草稿视图取消了页面边距、分栏、页眉页脚和图片等元素，仅显示标题和正文，是最节省计算机系统硬件资源的视图方式。当然现代计算机系统的硬件配置都比较高，基本上不存在由于硬件配置偏低而使Word 2010运行遇到障碍的问题。

打开【视图】选项卡，在【文档视图】组中单击【草稿】按钮，或者在视图栏中的视图按钮组中单击【草稿】按钮，即可切换至草稿视图模式。

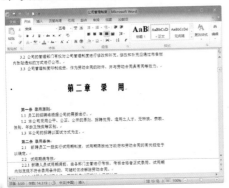

1.4.2 Excel的视图模式

在Excel 2010中，用户可以调整工作簿的显示方式。打开【视图】选项卡，然后在【工作簿视图】组中选择视图模式即可。

知识点滴

单击状态栏右端的 按钮，同样可以切换工作簿的视图模式。

在【工作簿视图】组中单击相应的视图模式按钮，即可切换至该视图模式，如下图所示为【页面布局】视图模式与【分页浏览】视图模式。

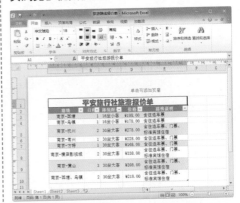

1.4.3 ▶ PowerPoint的视图模式

PowerPoint 2010提供了普通视图、幻灯片浏览视图、备注页视图、幻灯片放映视图和阅读视图5种视图模式。打开【视图】选项卡，在【演示文稿视图】组中单击相应的视图按钮，或者在视图栏中单击视图按钮，即可将当前操作界面切换至对应的视图模式。

1 普通视图

普通视图又分为两种形式，主要区别在于PowerPoint工作界面最左边的预览窗口，分幻灯片和大纲两种形式来显示，用户可以通过单击该预览窗口上方的切换按钮进行切换。

2 幻灯片浏览视图

使用幻灯片浏览视图，可以在屏幕上同时看到演示文稿中的所有幻灯片，这些幻灯片以缩略图方式显示在同一窗口中。

在幻灯片浏览视图中，可以查看设计幻灯片的背景、配色方案或更换模板后演示文稿发生的整体变化，也可以检查各个幻灯片是否前后协调、图标的位置是否合适等问题。

3 备注页视图

在备注页视图模式下，用户可以方便地添加和更改备注信息，也可以添加图形等信息。

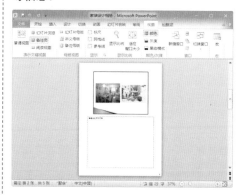

4 幻灯片放映视图

幻灯片放映视图是演示文稿的最终效果。在幻灯片放映视图下，用户可以看到幻灯片的最终效果。幻灯片放映视图并不是显示单个静止的画面，而是以动态的形式显示演示文稿中的各个幻灯片。

审阅窗口中查看演示文稿，而不想使用全屏的幻灯片放映视图，可以使用阅读视图观看演示文稿。

5 阅读视图

如果用户希望在一个设有简单控件的

1.5 进阶实战

本章的进阶部分为添加安装PowerPoint并启动这个综合实例操作，用户通过练习从而巩固本章所学知识。

【例1-2】添加安装PowerPoint 2010并将其启动。 🎬视频›

01 单击【开始】按钮，选择【Windows系统】|【控制面板】命令，打开【控制面板】窗口。

02 在【查看方式】下拉列表中选择【类别】选项，然后单击【卸载程序】链接。

03 打开【卸载或更改程序】窗口，查找【名称】列表框中的【Microsoft Office Professional Plus 2010】选项，用鼠标右击，在弹出的快捷菜单中选择【更改】选项。

04 在打开的窗口里选中【添加或删除功能】单选按钮，然后单击【继续】按钮。

05 打开【安装选项】窗口，单击【Microsoft PowerPoint】按钮，在弹出的下拉菜单中选择【从本机运行全部程序】命令，然后单击【继续】按钮。

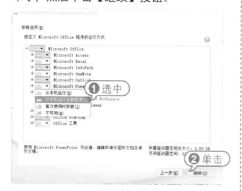

06 开始进行安装，可以看到安装进度。

07 安装更新完毕后，弹出的对话框显示

安装成功，单击【关闭】按钮。

08 单击【开始】按钮，选择【Microsoft Office】|【Microsoft PowerPoint 2010】命令，启动PowerPoint 2010程序。

1.6 疑点解答

●┤问：键盘上有哪些常用的组合键？

答：Ctrl+C：复制被选择的项目到剪贴板；Ctrl+V：粘贴剪贴板中的内容到当前位置；Ctrl+X：剪切被选择的项目到剪贴板；Ctrl+Z：撤销上一步操作；Ctrl+S：保存当前操作的文件；Alt+F4：关闭当前应用程序；Ctrl+A：选中全部内容；Shift+Delete：永久删除所选项目，而不将其放到【回收站】中。

●┤问：如何睡眠和重启电脑？

答：睡眠电脑是使电脑保持开机状态，但耗电较少，唤醒电脑后，可以立即恢复用户离开时的状态。重启电脑即重新启动电脑，其主要作用为保存对电脑操作系统的设置和修改，以及立即启动相关的服务。单击【开始】按钮，单击其中的【电源】按钮，分别选择其中的【睡眠】和【重启】选项即可。

●┤问：如何在安全模式下启动Office各组件？

答：单击【开始】按钮，选择【运行】程序，打开【运行】对话框，在文本框中输入命令winWord /safe(注意中间有空格)，单击【确定】按钮，此时即可在安全模式下启动Word 2010组件，并在标题栏中显示"安全模式"提示字样。Excel 2010和PowerPoint 2010组件的安全模式的启动方法与Word 2010组件的启动方法相同，只需将命令分别更改为winExcel /safe和winPowerPoint /safe即可。

第2章

管理办公系统和文件

　　要在Windows 10中使用Office，必须先了解操作系统的基础应用。在电脑办公领域里，各种数据信息都是以文件的形式通过文件夹进行分类并保存在磁盘上。本章主要介绍有关Windows 10系统以及办公文件的管理方法。

对应光盘视频

例2-1　更换桌面背景　　　　　例2-5　加密文件夹
例2-2　复制文件　　　　　　　例2-6　添加输入法
例2-3　设置只读属性　　　　　例2-7　使用微软拼音输入法
例2-4　隐藏文件夹　　　　　　例2-8　创建文档并输入文本

2.1 使用Windows 10操作系统

操作系统是使用电脑进行办公的基础。本节将主要介绍Windows 10操作系统中的一些基本组成部分以及使用方法。

2.1.1 Windows 10桌面

启动并登录Windows 10后，出现在整个屏幕上的区域称为"桌面"，Windows 10的大部分操作都是通过桌面完成的。桌面主要由桌面图标、任务栏、开始菜单等组成。

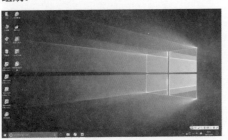

● 桌面图标：桌面图标就是整齐排列在桌面上的一系列图片，这些图片由图标和图标名称两部分组成。有的图标左下角有一个箭头，这种图标被称为"快捷方式"，双击这种图标可以快速地打开相应的窗口或者启动相应的程序。

● 任务栏：任务栏是位于桌面下方的一个条形区域，它显示了系统正在运行的程序、打开的窗口和当前时间等内容。

● 【开始】菜单：【开始】按钮位于桌面的左下角，单击该按钮将弹出【开始】菜单。【开始】菜单是Windows操作系统中的重要元素，其中存放了操作系统或系统设置的绝大多数命令，而且还可以使用当前操作系统中安装的所有程序，其中还包含Windows 10特有的开始屏幕界面，可以自由添加程序图标磁贴。

2.1.2 添加桌面图标

桌面图标主要分成系统图标和快捷方式图标两种。系统图标是系统桌面上的默认图标，它的特征是在图标左下角没有[图]标志。

1 添加系统图标

Windows 10系统刚刚安装好后，系统默认只有一个【回收站】图标，用户可以选择添加【此电脑】、【网络】等系统图标。

首先在桌面空白处右击鼠标，在弹出的快捷菜单中选择【个性化】命令，打开【个性化】窗口，单击窗口左侧的【更改桌面图标】文字链接，打开【桌面图标设置】对话框。

选中【计算机】和【网络】两个复选框，然后单击【确定】按钮，即可在桌面上添加这两个图标。

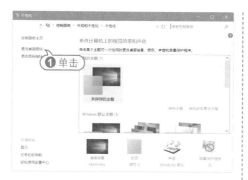

2 添加快捷方式图标

快捷方式图标是指应用程序的快捷启动方式，双击快捷方式图标可以快速启动相应的应用程序。

一般情况下，安装了一个新的应用程序后，都会自动在桌面上建立相应的快捷方式图标。如果该程序没有自动建立快捷方式图标，可采用以下方法来添加：

🖱 打开【开始】菜单，找到想要设置的程序，比如Microsoft Office 2010，然后按鼠标左键将其拖动到桌面上，就会显示【链接】的提示。松开鼠标左键，即可在桌面上创建Microsoft Office Word 2010的快捷方式图标。

🖱 在程序的启动图标上右击鼠标，选择【发送到】|【桌面快捷方式】命令。即可创建一个快捷方式，并将其显示在桌面上。

2.1.3 更改桌面背景

桌面背景就是Windows 10系统桌面的

背景图案，又称为"壁纸"。背景图片一般是图像文件，Windows 10系统自带了多张桌面背景图片供读者选择使用，用户也可以自定义桌面背景。

【例2-1】更换桌面背景。 ◉视频▶

◀

01 启动Windows 10系统后，右击桌面空白处，在弹出的快捷菜单中选择【个性化】命令。

02 打开【设置】|【背景】窗口，在【选择图片】区域中选择一张图片。

进阶技巧

单击【浏览】按钮，会打开【打开】对话框，可以选择将电脑中的本地图片设置为桌面背景。

03 此时桌面背景已经改变，效果如下图所示。

2.1.4 使用[开始]菜单

【开始】菜单指的是单击任务栏中的【开始】按钮所打开的菜单。用户可以通过【开始】菜单访问硬盘上的文件或者运行安装好的程序。

【开始】菜单的主要构成元素的作用如下：

◕ 常用程序列表：该列表列出了最近添加或常用的程序快捷方式，默认按照程序名称的首字母排序。

◕ 电源等便捷按钮：在菜单左侧默认有3组按钮，分别是【账户】、【设置】、【电源】按钮。用户可以单击按钮进行有

关方面的设置。

💡 开始屏幕：另外，Windows 10也将Windows 8的开始屏幕收入其中，可以动态呈现更多信息，支持尺寸可调。不但可以取消所有固定应用磁贴，让Windows 10的"开始"菜单回归简单，而且还能将"开始"菜单设置为全屏(不同于平板模式)。

如果要启动一个程序，可以在【开始】菜单中寻找这个程序，比如Microsoft Excel 2010，单击即可执行该程序。

2.1.5 使用任务栏

任务栏是位于桌面下方的一个条形区

域，它显示了系统正在运行的程序、打开的窗口和当前时间等内容。

任务栏最左边的立体按钮是【开始】菜单按钮，右边依次是Cortana、快速启动栏、通知区域、语言栏、系统时间、显示桌面等按钮。其各自的功能如下：

💡 Cortana：Cortana(中文名称是"小娜")是微软专门打造的人工智能机器人。小娜可以提供对本地文件、文件夹、系统功能的快速搜索。直接在搜索框中输入名称，小娜会将符合条件的应用自动放置到顶端，用户选择程序即可启动该程序。此外还可以使用麦克风和小娜对话，提供多项日常办公服务。

💡 快速启动栏：用户若单击该栏中的某个图标，可快速地启动相应的应用程序，例如单击▢按钮，可启动文件资源管理器。

💡 正在启动的程序区：该区域显示当前正在运行的所有程序，其中的每个按钮都代表一个已经打开的窗口，单击这些按钮即可在不同的窗口之间进行切换。

● 任务视图按钮：单击该按钮 口 可以将正在执行的程序全部以小窗口平铺形式显示在桌面上，还可以通过单击最右侧的【新建桌面】按钮建立新桌面。

● 通知区域：该区域显示系统当前的时间和在后台运行的某些程序。单击【显示隐藏的图标】按钮，可查看当前正在运行的程序。

● 语言栏：该栏显示系统中当前正在使用的输入法和语言。

● 时间区域、通知按钮、显示桌面按钮：

该区域在任务栏的最右侧，时间区域用来显示和设置时间；单击通知按钮，将显示系统通知等信息；单击显示桌面按钮，将快速最小化所有窗口程序，显示桌面。

2.1.6 窗口的操作

窗口是Windows 10操作系统中的重要组成部分，很多操作都是通过窗口来完成的。它相当于桌面上的一个工作区域。用户可以在窗口中对文件、文件夹或程序进行操作。

双击桌面上的【此电脑】图标，打开的窗口就是Windows 10系统下的一个标准窗口，窗口的组成元素主要有标题栏、地址栏、搜索栏、工具栏、窗口工作区等元素。

● 标题栏：标题栏位于窗口的顶端，标题栏最右端显示了【最小化】、【最大化/还原】、【关闭】3个按钮。左侧显示了快速访问工具栏，可以添加更多执行按钮。通常情况下，用户可以通过标题栏来进行移动窗口、改变窗口的大小和关闭窗口操作。

● 【文件】按钮：在标题栏下方是【文件】按钮，单击会弹出下拉菜单，提供"打开新窗口"等命令。

击每个类别前的箭头，可以将它们展开或合并。

👆 **选项卡栏**：在【文件】按钮旁提供了不同命令的选项卡。

👆 **地址栏**：用于显示和输入当前浏览位置的详细路径信息，Windows 10的地址栏提供按钮功能，单击地址栏文件夹后的 › 按钮，弹出一个下拉菜单，里面列出了该文件夹下级的其他文件夹，在菜单中选择相应的路径便可跳转到对应的文件夹。

👆 **搜索栏**：Windows 10窗口右上角的搜索栏具有在电脑中搜索各种文件的功能。搜索时，地址栏中会显示搜索进度。

👆 **导航窗格**：导航窗格位于窗口的左侧，它给用户提供了树状结构的文件夹列表，从而方便用户迅速地定位所需的目标。窗格从上到下分为不同的类别，通过单

👆 **窗口工作区**：用于显示主要的内容，如多个不同的文件夹、磁盘驱动等。它是窗口中最主要的部位。

👆 **状态栏**：位于窗口的最底部，用于显示当前操作的状态及提示信息，或当前用户选定对象的详细信息。

1 窗口的预览和切换

　　用户打开多个窗口并可以在这些窗口之间进行切换预览，Windows 10操作系统提供了多种方式让用户快捷方便地切换和预览窗口。

👆 **Alt+Tab键预览窗口**：在按下Alt+Tab键后，用户会发现切换面板中会显示当前打开的窗口的缩略图，并且除了当前选定的窗口外，其余的窗口都呈现透明状态。按住Alt键不放，再按Tab键或滚动鼠标滚轮就可以在现有窗口的缩略图之间切换。

👆 **通过任务栏图标预览窗口**：当用户将鼠标光标移至任务栏中某个程序的按钮上时，在该按钮的上方会显示与该程序相关的所有打开窗口的预览窗格，单击其中的某个预览窗格，即可切换至该窗口。

👆 **Win+Tab键切换窗口**：当用户按下Win+Tab键切换窗口时，可以看到切换效果和使用任务视图按钮 的效果一样。按住Win键不放，再按Tab或鼠标滚轮即可来切换各个窗口。

2 排列窗口

　　在Windows 10操作系统中，提供了层叠窗口、堆叠显示窗口和并排显示窗口3种窗口排列方法，通过多窗口排列可以使窗口排列更加整齐。

　　例如，打开多个应用程序的窗口，然

后在任务栏的空白处右击鼠标，在弹出的快捷菜单中选择【层叠窗口】命令。

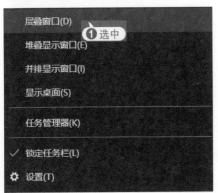

此时打开的所有窗口(最小化的窗口除外)将会以层叠的方式显示在桌面上。

3 调整窗口

在Windows 10中，用户还可以通过对窗口的拖曳来实现对窗口位置和大小的控制。

将鼠标光标放置在窗口顶部的标题栏上，按住鼠标左键不放，然后拖动鼠标即可移动窗口。

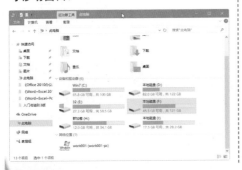

将鼠标光标放至于窗口的边框或边角位置，然后按住鼠标左键拖曳即可，即可缩放窗口。

2.1.7 对话框的操作

对话框是Windows操作系统里的次要窗口，包含按钮和命令，通过它们可以完成特定命令和任务。对话框和窗口的最大区别就是对话框没有"最大化"和"最小化"按钮，一般不能改变形状和大小。

Windows 10中的对话框多种多样，一般来说，对话框中的可操作元素主要包括命令按钮、选项卡、单选按钮、复选框、文本框、下拉列表框和数值框等，但并不是所有的对话框都包含以上所有元素。

对话框各组成元素的作用如下：

● 选项卡：对话框内一般有多个选项卡，选择不同的选项卡可以切换到相应的设置页面。

● 列表框：列表框在对话框里以矩形框形状显示，里面列出多个选项以供用户选择。有时会以下拉列表框的形式显示。

● 单选按钮：单选按钮是一些互斥的选项，每次只能选择其中的一项，被选中项的圆圈中将会有个黑点。

● 复选框：复选框中所列出的各个选项是不互相排斥的，用户可根据需要选择其中的一个或几个选项。当选中某个复选框时，框内出现√标记，一个选择框代表一个可以打开或关闭的选项。在空白选择框上单击便可选中它，再次单击这个选择框便可取消选择。

● 文本框：文本框主要用来接收用户输入的信息，以便正确地完成对话框的操作。如右上图所示，数值数据选项下方的矩形白色区域即为文本框。

● 数值框：数值框用于输入或选中一个数值。它由文本框和微调按钮组成。在微调框中，单击上三角的微调按钮，可增加数值；单击下三角的微调按钮，可减少数值。也可以在文本框中直接输入需要的数值。

● 下拉列表框：下拉列表框是一个带有下拉按钮的文本框，用来从多个选项中选择一个，选中的项将在下拉列表框内显示。当单击下拉列表框右边的下三角按钮时，将出现一个下拉列表供用户选择。

2.2 认识文件和文件夹

要想把电脑中的办公资源管理得井然有序，首先要掌握文件和文件夹的基本操作方法。

2.2.1 文件和文件夹的概念

文件是存储在电脑磁盘上的一系列数据的集合，而文件夹则是文件的集合，用来存放单个或多个文件。

1 文件

文件是Windows中最基本的存储单位，它包含文本、图像及数值数据等信息。不同的信息种类保存在不同的文件类型中。通常，文件类型是用文件的扩展名来区分的，根据保存的信息和保存方式的不同，将文件分为不同的类型，并在电脑中以不同的图标显示。

文件各组成部分的作用如下：

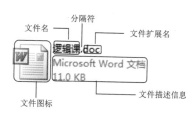

● 文件名：标识当前文件的名称，用户可以根据需求来自定义文件的名称。

● 文件扩展名：标识当前文件的系统格式，如上图所示的文件扩展名为doc，表示这个文件是Word文档文件。

● 分隔点：用来分隔文件名和文件扩展名。

● 文件图标：用图例表示当前文件的类型，是由系统中相应的应用程序关联建立的。

💧 文件描述信息：用来显示当前文件的大小和类型等系统信息。

文件的命名规则如下：

💧 在文件或文件夹的名字中，用户最多可使用255个字符。

💧 用户可使用含多个分隔符(.)的扩展名，例如report.lj.oct98。

💧 文件名字可以有空格，但不能有如下：字符 \ / : * ? " < > |

💧 Windows保留文件名的大小写格式，但不能利用大小写区分文件名。例如，README.TXT和readme.txt被认为是同一文件。

💧 当搜索和显示文件时，用户可使用通配符(?和*)。其中，问号(?)代表一个任意字符，星号(*)代表一系列字符。

2 文件夹

为了便于管理文件，在Windows系列操作系统中引入了文件夹的概念。简单地说，文件夹就是文件的集合。如果电脑中的文件过多，则会显得杂乱无章。要想查找某个文件也不太方便，这时用户可将相似类型的文件整理起来，统一地放置在一个文件夹中，这样不仅可以方便用户查找文件，而且还能有效地管理好电脑中的资源。

文件夹的外观由文件夹图标和文件夹名称组成，如下图所示。

文件夹图标————

煲音————文件夹名称

文件和文件夹都被存放在电脑的磁盘上，文件夹可以包含文件和子文件夹，子文件夹内又可以包含文件和子文件夹，依此类推，即可形成文件和文件夹的树型关系。

知识点滴

路径指的是文件或文件夹在电脑中存储的位置，当打开某个文件夹时，在地址栏中即可看到进入的文件夹的层次结构。由文件夹的层次结构可以得到文件夹的路径。路径的结构一般包括磁盘名称、文件夹名称和文件名称，它们之间用\隔开。

2.2.2 查看文件和文件夹

在Windows 10系统里管理电脑资源时，随时可以查看文件和文件夹。Windows系统一般用窗口来查看文件和文件夹等电脑资源。

💧 通过窗口工作区查看：窗口工作区是窗口最主要的组成部分，通过窗口工作区查看电脑中的资源是最直观、最常用的查看方法。比如按照【此电脑】|【本地磁盘(D:)】|【煲音】的路径，在窗口工作区双击打开【煲音】文件夹，将可以查看该文件夹中的文件。

💧 通过地址栏查看：窗口的地址栏中有【前进】和【后退】按钮，通过地址栏，用户可以轻松跳转与切换磁盘和文件夹目录。地址栏只能显示文件夹和磁盘目录，不能显示文件。比如单击窗口地址栏中【此电脑】后的▼按钮，在下拉菜单中选择【本地磁盘(D:)】，即可查看该磁盘上的文件。

通过导航窗格查看：用户可以通过导航窗格查看磁盘目录下的文件夹，以及文件夹下的子文件夹，和地址栏一样，它也无法直接查看文件。比如单击需要查看资源所在的磁盘目录(F盘)前的 › 按钮，可以展开下一级目录，此时该按钮变为 ˅ 按钮。单击【壁纸】文件夹目录，在右侧的窗口工作区中将显示该文件夹的内容。

2.2.3 文件和文件夹的操作

文件和文件夹的基本操作主要包括文件和文件夹的新建、选择、移动、复制、删除等。

1 创建文件和文件夹

在Windows 中可以采取多种方法来方便地创建文件和文件夹，在文件夹中还可以创建子文件夹。

要创建文件或文件夹，可在任何想要创建文件或文件夹的地方右击，在弹出的快捷菜单中选择【新建】|【文件夹】命令或其他文件类型命令。

用户也可以通过在快速访问工具栏中单击【新建文件夹】按钮，创建文件夹。

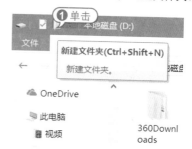

2 选择文件和文件夹

要对文件或文件夹进行操作，首先要选定文件或文件夹。为了便于用户快速选择文件和文件夹，Windows系统提供了文件和文件夹的多种选择方法。

选择单个文件或文件夹：用鼠标左键单击文件或文件夹图标即可将其选择。

选择多个不相邻的文件和文件夹：选择第一个文件或文件夹后，按住Ctrl键，逐一单击要选择的文件或文件夹。

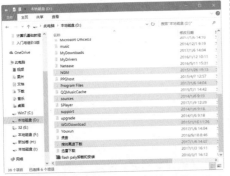

选择所有的文件或文件经夹：按Ctrl+A组合键即可选中当前窗口中的所有文件或文件夹。

选择某一区域的文件和文件夹：在需选择的文件或文件夹的起始位置按住鼠标左键进行拖动，此时在窗口中出现一个蓝色的矩形框，在该矩形框包含需要选择的文件或文件夹后松开鼠标，即可完成选择。

3 复制文件和文件夹

复制文件和文件夹是为了将一些比较重要的文件和文件夹加以备份，也就是将文件或文件夹复制一份到硬盘的其他位置，使文件或文件夹更加安全，以免发生意外丢失的情况，避免造成不必要的损失。

【例2-2】将桌面上的【作文】文档复制到D盘下的【备份】文件夹下。 🎬视频

01 右击桌面上的【作文】文档，在弹出的快捷菜单中选择【复制】命令。

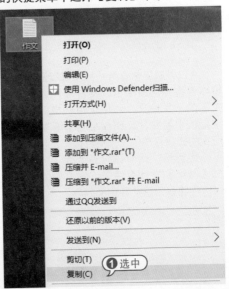

02 打开【此电脑】窗口，双击【本地磁盘(D:)】盘符，打开D盘，双击【备份】文件夹。

03 在打开的文件夹里右击鼠标，在弹出的快捷菜单里选择【粘贴】命令。

04 此时【作文】文档被复制到【备份】文件夹下。

2.2.4 移动文件和文件夹

移动文件和文件夹是指将文件和文件夹从原先的位置移动至其他的位置，移动的同时，会删除原位置下的文件和文件夹。在Windows 10系统中，用户可以使用鼠标拖动的方法，或者右键快捷菜单中的【剪切】和【粘贴】命令，对文件或文件夹进行移动操作。

2.2.5 删除文件和文件夹

为了保持计算机中文件系统的整洁、

有条理，同时也为了节省磁盘空间，用户经常需要删除一些已经没有用的或损坏的文件和文件夹。要删除文件或文件夹，可以执行下列操作之一：

选中想要删除的文件或文件夹，然后按键盘上的Delete键。

右击要删除的文件或文件夹，然后在弹出的快捷菜单中选择【删除】命令。

用鼠标将要删除的文件或文件夹直接拖动到桌面的【回收站】图标上。

选中想要删除的文件或文件夹，单击快速访问工具栏中的【删除】按钮。

2.3 文件和文件夹的高级设置

用户可以对文件和文件夹进行各种设置，以便于更好地管理文件和文件夹。本节将介绍隐藏文件或文件夹、设置文件或文件夹只读属性、加密文件或文件夹等高级设置。

2.3.1 更改只读属性

文件和文件夹的只读属性表示用户只能对文件或文件夹的内容进行查看而无法进行修改。一旦文件和文件夹被赋予只读属性，就可以防止用户因误操作而损坏该文件或文件夹。

【例2-3】设置【备份】文件夹为只读文件夹。 视频

01 打开窗口，右击【备份】文件夹，在弹出的快捷菜单中选择【属性】命令。

02 打开【属性】对话框，在【常规】选项卡的【属性】栏里选中【只读】复选框，单击【确定】按钮。

03 如果文件夹内有文件或子文件夹，还会打开【确认属性更改】对话框，选中【将更改应用于此文件夹、子文件夹和文件】单选按钮，然后单击【确定】按钮。

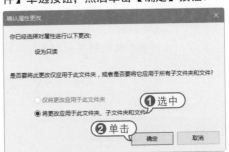

进阶技巧

如果用户想取消文件和文件夹的只读属性，操作步骤和设置只读属性的方法一样，只需要取消选中【属性】对话框中的【只读】复选框即可。

2.3.2 隐藏文件和文件夹

如果用户不想让计算机的某些文件或文件夹被其他人看到，用户可以隐藏这些文件或文件夹。当用户想查看时，再将其显示出来。

【例2-4】隐藏【备份】文件夹，然后再重新显示该文件夹。 视频

01 打开窗口，右击【备份】文件夹，在弹出的快捷菜单中选择【属性】命令。

02 打开【属性】对话框，在【常规】选项卡的【属性】栏里选中【隐藏】复选框，单击【确定】按钮，即可隐藏该文件夹。

进阶技巧

如果文件夹内有文件或子文件夹，还会打开【确认属性更改】对话框，选中【将更改应用于此文件夹、子文件夹和文件】单选按钮，然后单击【确定】按钮。

03 若用户想再次显示该文件夹，则先打开包含该文件夹的上级窗口，这里是D盘。单击工具栏上的【查看】选项卡标签，在弹出的选项卡中选中【隐藏的项目】复选框，此时即可显示隐藏的【备份】文件夹。

进阶技巧

重新显示的文件或文件夹，其图标是半透明的，不处于完全显示状态。如果用户想要取消文件夹的隐藏属性，在【属性】对话框内取消选中【隐藏】复选框即可。

2.3.3 加密文件和文件夹

加密文件和文件夹就是对文件和文件

夹加以保护，使得其他用户无法访问该文件或文件夹，保证文件和文件夹的安全性和保密性。

Windows 10系统的文件和文件夹加密方式，和以往Windows系统有所不同。它提供了一种基于NTFS文件系统的加密方式，称为EFS(Encrypting File System)，全称加密文件系统。EFS加密可以保证在系统启动以后，可以继续对用户数据提供保护。当数据被一个用户加密后，其他任何未授权的用户，甚至是管理员，都无法访问其数据。

【例2-5】加密【备份】文件夹。 视频

----

01 打开窗口，根据路径找到【备份】文件夹，右击【备份】文件夹，在弹出的快捷菜单中选择【属性】命令。

02 打开【属性】对话框，单击【高级】按钮，打开【高级属性】对话框。

03 在该对话框里选中【加密内容以便保护数据】复选框，单击【确定】按钮，返回至【属性】对话框。

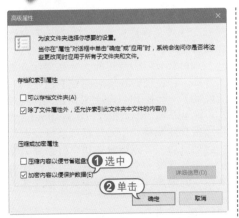

更改】对话框，选中【将更改应用于此文件、子文件夹和文件】单选按钮，并单击【确定】按钮，即可加密该文件夹下的所有内容。

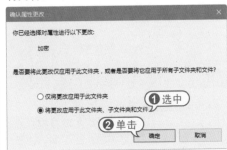

04 单击【确定】按钮，打开【确认属性

2.4 使用回收站

回收站是Windows 10系统用来存储被删除文件的场所。用户可以根据需要，选择将回收站中的文件彻底删除或者恢复到原来的位置，这样可以保证数据的安全性和可恢复性。

2.4.1 还原回收站文件

从回收站中还原文件或文件夹有以下两种方法：

● 在【回收站】窗口中用鼠标右击要还原的文件或文件夹，在弹出的快捷菜单中选择【还原】命令，这样即可将该文件或文件夹还原到被删除之前的磁盘目录位置。

● 直接单击回收站窗口中工具栏上的【管理】|【还原所有项目】按钮，效果和第一种方法相同。

2.4.2 删除回收站文件

在回收站中删除文件和文件夹是永久删除，操作方法是右击要删除的文件，在弹出的快捷菜单中选择【删除】命令。

接着会打开提示对话框，单击【是(Y)】按钮，即可将该文件永久删除。

2.4.3 清空回收站

清空回收站就是将回收站里的所有文件和文件夹全部永久删除，此时用户不必再去选择要删除的文件，直接右击桌面的【回收站】图标，在弹出的快捷菜单中选择【清空回收站】命令即可。

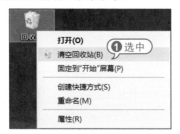

此时也会打开提示对话框，单击【是】按钮即可清空回收站，清空后回收站里就没有文件了。

回收站的属性设置也很简单，用户只需右击桌面上的【回收站】图标，在弹出的快捷菜单中选择【属性】命令，打开【回收站 属性】对话框，用户可以在该对话框中设置相关属性。

2.5 使用中文输入法

在日常办公事务中，用户经常需要输入中文，因此选择合适的中文输入法可以极大地提高用户的办公效率。

2.5.1 常用中文输入法

常用的中文输入主要有拼音输入法和五笔输入法两大类：

🔹 拼音输入法：这是一种以汉语拼音为基础的输入法，用户只要会用汉语拼音，就可以使用拼音输入法轻松地输入汉字。目前常见的拼音输入法有紫光拼音输入法、

微软拼音输入法和搜狗拼音输入法等。如下图所示为搜狗拼音输入法。

🔹 五笔字型输入法：五笔字型输入法是一种以汉字的构字结构为基础的输入法。它将汉字拆分成一些基本结构，并称其为"字根"，每个字根都与键盘上的某个字

母键相对应。要在电脑上输入汉字，就要先找到构成这个汉字的基本字根，然后按下相应的按键，即可输入。常见的五笔字型输入法有：智能五笔输入法、万能五笔输入法、王码五笔输入法和极品五笔输入法等。如下图所示为智能五笔输入法。

进阶技巧

拼音输入法上手容易，只要会用汉语拼音，就能使用拼音输入法输入汉字。但是由于汉字的同音字比较多，因此使用拼音输入法输入汉字时，重码率会比较高；而五笔字型输入法是根据汉字结构来输入的，因此重码率比较低，输入汉字比较快，但五笔输入法一般为专业打字工作者使用，并不太适合新手用户使用。

2.5.2 添加中文输入法

Windows系统中自带了多种输入法，在安装系统后自动显示在输入法列表中，用户可以自行添加合适的输入法。

通常情况下，用户可以通过控制面板来添加输入法。

【例2-6】添加输入法。 视频

01 用鼠标右键单击【开始】菜单按钮，在弹出菜单中选择【控制面板】选项。

02 打开【控制面板】窗口，单击【更换输入法】链接。

03 打开【语言】窗口，单击【选项】链接。

04 打开【语言选项】窗口，单击【添加输入法】链接。

05 打开【输入法】窗口，在【添加输入法】下拉列表中选择【微软五笔】选项，然后单击【添加】按钮。

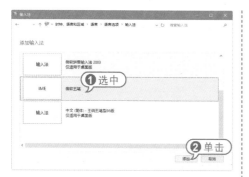

06 返回至【语言选项】窗口，显示添加了该输入法，单击【保存】按钮即可完成设置。

07 在任务栏中单击输入法图标，在弹出菜单中已经显示新添加的微软五笔输入法。

2.5.3 切换和删除输入法

在Windows 10操作系统中，默认状态下，用户可以使用Ctrl+空格键在中文输入法和英文输入法之间进行切换，使用Ctrl+Shift组合键来切换输入法。Ctrl+Shift组合键采用循环切换的形式，在各个输入法和英文输入方式之间依次进行转换。

选择中文输入法也可以通过单击任务栏上的输入法指示图标来完成，这种方法比较直接。在Windows桌面的任务栏中，单击代表输入法的图标，在弹出的输入法列表中单击要使用的输入法即可。

用户如果习惯于使用某种输入法，可将其他输入法全部删除，从而减少切换输入法的时间。

例如要删除【微软五笔】输入法，只需依循前面的方法，打开【语言选项】窗口，在【输入法】列表框里的【微软五笔】选项后单击【删除】链接，最后单击【保存】按钮即可。

2.5.4 使用微软拼音输入法

微软拼音输入法是Windows 10系统默认的汉字输入法，它采用基于语句的整句转换方式，用户可以连续输入整句话的拼音，而不必人工分词和挑选候选词语，这大大提高了输入效率。

【例2-7】使用微软拼音输入法在新建文本文档里输入文字。 ▷视频▶

01 在桌面空白处单击鼠标右键，在弹出

的快捷菜单里选择【新建】|【文本文档】命令,桌面上会出现【新建文本文档】图标。

02 双击该图标,打开该文档,将光标定位于文档中,然后单击任务栏中的输入法图标,选择【微软拼音】选项。

03 按Shift+空格键,切换为英文输入,输入Office 2010。

04 再次按Shift+空格键,切换为中文输入,键入diannaobangong,底下有一道下画线。

05 按空格键确定输入,下画线就会消失,表示输入完毕,显示为中文。

2.6 进阶实战

本章的进阶实战部分为创建文本文档和文件夹这个综合实例操作,用户通过练习从而巩固本章所学知识。

【例2-8】创建"记录"文件夹和"备忘录"文本文档,并输入文本。 ◎视频

01 在桌面空白处右击鼠标,在弹出的快捷菜单中选择【新建】|【文本文档】命令。

02 出现文本文档,在可编辑状态下的文件名输入框内输入"备忘录",然后按Enter键完成创建文本文档的操作。

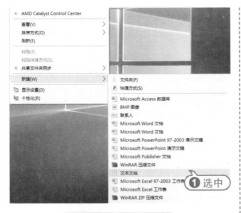

03 在桌面空白处右击鼠标，在弹出的快捷菜单中选择【新建】|【文件夹】命令。

04 出现文件夹图标后，在可编辑状态下的文件夹名输入框内输入"记录"，然后按Enter键完成创建文件夹的操作。

05 拖曳【备忘录】文档到【记录】文件夹内。

06 双击【记录】文件夹，里面包含了【备忘录】文档，双击文档将其打开。

07 在任务栏中，单击输入法图标，在弹出的输入法快捷菜单中选择【微软拼音】选项，再将鼠标光标移到【备忘录】文本文档内。

08 在文档窗口内输入雪莱的《西风颂》中的一段文字，注意标点符号的使用。

09 单击【关闭】按钮，将会打开提示对话框，提示是否要保存文档，单击【保存】按钮将其关闭。

2.7 疑点解答

■ 问：如何设置【回收站】的容量大小？

答：要设置【回收站】的容量大小，右击【回收站】图标，在弹出的快捷菜单中选择【属性】命令，打开【回收站属性】对话框。选中【自定义大小】单选按钮，在【最大值】后面的数值框内自定义容量大小，然后单击【确定】按钮即可。

■ 问：如何修改文件夹的图标？

答：选择并右击文件夹，在弹出的菜单中选择【属性】命令，打开【属性】对话框。选择【自定义】选项卡，单击【更改图标】按钮，打开【更改图标】对话框，选中一个图标，单击【确定】按钮即可更改图标。

第3章

Word 2010 小试牛刀

Word 2010是Office 2010系列软件中的专业文字处理软件，可以方便地进行文字、图形、图像和数据处理。本章主要介绍Word 2010文档的基本操作以及文本和段落的基础编辑方法。

对应光盘视频

3.1 Word文档基础操作

在使用Word 2010编辑处理文档前，应先掌握文档的基本操作，如创建新文档、保存文档、打开和关闭文档、输入文本等。

3.1.1 新建文档

Word文档是文本、图片等对象的载体，要在文档中进行输入或编辑等操作，首先必须创建新的文档。在Word 2010中，创建的文档可以是空白文档，也可以是基于模板的文档。

1 新建空白文档

空白文档是最常使用的文档。在打开的"文档1"文档窗口中，单击【文件】按钮，从弹出的菜单中选择【新建】命令，打开Microsoft Office Backstage视图。在【可用模板】列表框中选择【空白文档】选项，单击【创建】按钮，即可创建一个名为"文档2"的空白文档。

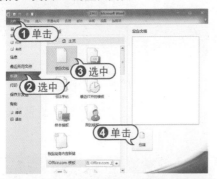

进阶技巧

在打开的现有文档中，按Ctrl+N快捷键，即可快速新建一个空白文档。

2 新建基于模板的文档

模板是Word预先设置好内容格式的文档。在Word 2010中为用户提供了多种具有统一规格、统一框架的文档模板，如传真、信函或简历等。下面将以创建平衡报告为例介绍基于模板新建文档的方法。

【例3-1】根据【基本报表】模板来创建新文档。

🎬 视频+素材 (光盘素材\第03章\例3-1)

----

01 启动Word 2010应用程序，打开一个名为"文档1"的文档。

02 单击【文件】按钮，从弹出的菜单中选择【新建】命令，打开Microsoft Office Backstage视图。在【可用模板】列表框中选择【样本模板】选项。

03 此时系统会自动显示Word 2010提供的所有样本模板，在样本模板列表框中选择【基本报表】选项，并在右侧窗口中预览该模板的样式，选中【文档】单选按钮，单击【创建】按钮。

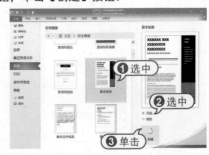

04 此时即可新建一个名为"文档2"的新文档，并自动套用所选择的【基本报表】模板的样式。

知识点滴

在网络连通的情况下，在Microsoft Office Backstage视图中的【可用模板】下的【Office.com模板】列表框中选择相应的模板选项，单击【下载】按钮，即可连接到Office.com网站，下载并创建相应的文档。

3.1.2 保存文档

新建文档之后，可通过Word的保存功能将其存储到电脑中，以便日后编辑使用该文档。保存文档分为保存新建的文档、保存已保存过的文档、将现有的文档另存为其他格式和自动保存4种方式。

1 保存新建的文档

在第一次保存编辑好的文档时，需要指定文件名、文件的保存位置和保存格式等信息。保存新建文档的常用操作如下：

● 单击【文件】按钮，从弹出的菜单中选择【保存】命令。

● 单击快速访问工具栏上的【保存】按钮。

● 按Ctrl+S快捷键。

【例3-2】将【例3-1】所创建的基于模板的文档以"新报告"为名保存到电脑中。
（视频+素材）(光盘素材\第03章\例3-2)

01 在【例3-1】创建的基于模板的文档中，单击【文件】按钮，从弹出的【文件】菜单中选择【保存】命令。

02 打开【另存为】对话框，选择文档的保存路径，在【文件名】文本框中输入"新报告"，单击【保存】按钮。

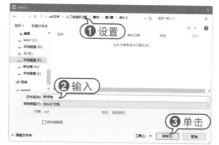

03 此时将在Word 2010文档窗口的标题栏中显示文档名称"新报告"。

2 保存已保存过的文档

要对已保存过的文档进行保存，可单击【文件】按钮，在弹出的【文件】菜单中选择【保存】命令，或单击快速访问工具栏上的【保存】按钮，即可按照原有的路径、名称以及格式进行保存。

进阶技巧

按Ctrl+S快捷键可快速保存当前修改过的文档。

3 将现有的文档另存为其他格式

对已保存的文档进行修改或编辑后，在不破坏原文档的情况下，又希望将改动后的文档进行保存，可以使用【另存为】功能将其保存。这时可以将其保存为以前版本的Word文档，也可以保存为PDF文档或网页等多种格式。

下面以保存为PDF文档为例来介绍另存为其他文档的操作方法。

【例3-3】 将【例3-2】所创建的文档另存为PDF格式的文档，并以"报告1"为名保存。
视频+素材 (光盘素材\第03章\例3-3)

01 在【例3-2】创建的文档中，单击【文件】按钮，从弹出的【文件】菜单中选择【另存为】命令。

02 打开【另存为】对话框，选择文档的保存路径，在【文件名】文本框中输入"报告1"，在【保存类型】下拉列表框中选择PDF选项，单击【保存】按钮。

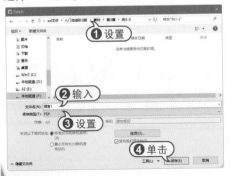

03 此时文档将以"报告1"为名另存为PDF格式的文档。

04 另存为PDF文档后，系统自动启动Adobe Reader软件来查看PDF格式的文档。

4 自动保存文档

用户若不习惯于随时对修改的文档进行保存操作，可以将文档设置为自动保存。设置自动保存后，无论用户是否对文档进行了修改，系统都会根据设置的时间间隔在指定的时间自动对文档进行保存。

【例3-4】 启动Word 2010应用程序，将文档自动保存的时间间隔设置为10分钟。视频

01 启动Word 2010应用程序，打开一个名为"文档1"的文档。

02 单击【文件】按钮，从弹出的菜单中选择【选项】命令，打开【Word选项】对话框。

03 打开【保存】选项卡，在【保存文

档】选项区域选中【保存自动恢复信息时间间隔】复选框，并在右侧的微调框中输入10，单击【确定】按钮，完成设置。

3.1.3 打开和关闭文档

打开文档是Word的一项最基本的操作。如果用户要对保存的文档进行编辑，首先需要将其打开。在打开文档的过程中，用户可以直接打开文档，也可以通过【打开】对话框进行打开。

找到文档所在的位置后，双击Word文档，即可快速打开该文档。

在编辑文档的过程中，若需要使用或参考其他文档中的内容，则可使用【打开】对话框来打开文档。首先单击【文件】按钮，选择【打开】命令。打开【打开】对话框，选择文档，单击【打开】按钮，即可打开该文档。

不使用文档时，应将其关闭。关闭文档的方法非常简单，常用的关闭文档的方法如下：

- 单击标题栏右侧的【关闭】按钮 ⊠。
- 按Alt+F4组合键，结束任务。
- 单击【文件】按钮，从弹出的界面中选择【关闭】命令，关闭当前文档；选择【退出】命令，关闭当前文档并退出Word程序。
- 右击标题栏，从弹出的快捷菜单中选择【关闭】命令。

进阶技巧

如果文档经过了修改，但没有保存，那么在执行关闭文档操作时，将会弹出提示框提示用户进行保存。

3.2 输入和编辑文本

在Word 2010中，建立文档的目的是输入文本内容。输入文本后，还需要对文本进行选取、复制、移动、删除、查找和替换等编辑操作。熟练地运用文本的简单编辑功能，可以快速提高办公的效率。

3.2.1 输入文本

在输入文本前，文档编辑区的开始

位置将会出现一个闪烁的光标，将其称为"插入点"。在Word文档输入的过程中，任何文本将会在插入点处出现。定位了插入点的位置后，切换至拼音输入法即可开始进行中文文本的输入。

在文本的输入过程中，Word 2010将遵循以下原则：

🔹 按下Enter键，将在插入点的下一行处重新创建一个新的段落，并在上一个段落的结束处显示 ↵ 符号。

🔹 按下空格键，将在插入点的左侧插入一个空格符号，它的大小将根据当前输入法的全角/半角状态而定。

🔹 按下Backspace键，将删除插入点左侧的一个字符；按下Delete键，将删除插入点右侧的一个字符。

🔹 按下Caps Lock键可输入英文大写字母，再按下该键可输入英文小写字母。

下面以具体实例来介绍输入中英文、特殊符号、日期和时间的方法。

【例3-5】新建一个名为"海报"的文档，并输入文本内容。
📹 视频+素材 (光盘素材\第03章\例3-5)

---

01 启动Word 2010应用程序，在快速访问工具栏中单击【保存】按钮 💾。

02 打开【另存为】对话框。选择文档保存路径，在【文件名】文本框中输入"海报"，单击【保存】按钮，保存文档。

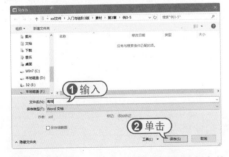

03 按空格键，将插入点移至页面中央位置。输入标题"管理学院篮球比赛"。

04 按Enter键，插入点跳转至下一行的行首，继续输入文本。

进阶技巧

当输入的文字到达右边界时，Word会自动换行。按Enter键可以手动换行。

05 将插入点定位到文本"时间"开头处，打开【插入】选项卡，在【符号】组中单击【符号】按钮，从弹出的菜单中选择【其他符号】命令。

06 打开【符号】对话框的【符号】

选项卡，在【字体】下拉列表框中选择Wingdings选项，在下方的列表框中选择笑脸符号，然后单击【插入】按钮。

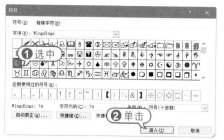

07 将插入点定位到文本"地点"开头处，返回到【符号】对话框，单击【插入】按钮，继续插入笑脸符号。

08 单击【关闭】按钮，关闭【符号】对话框，此时在文档中显示所插入的符号。

工大全体师生：
　　为提升学生身体素质，发扬
邀工大全体师生届时到场观赏，?
　　☺时间：2017年5月22日
　　☺地点：校体育馆

09 单击快速访问工具栏中的【保存】按钮，保存文档。

3.2.2 选取文本

在Word 2010中，用户在进行文本编辑之前，必须选取文本。既可以使用鼠标或键盘，也可以鼠标和键盘结合操作。

1 使用鼠标选择

使用鼠标选择文本是最基本、最常用的方法。使用鼠标选择文本十分方便。

● 拖动选择：将鼠标光标定位在起始位置，按住鼠标左键不放，向目的位置拖动鼠标以选择文本。

● 单击选择：将鼠标光标移到要选定行的左侧空白处，当鼠标光标变成形状时，单击鼠标选择该行文本内容。

● 双击选择：将鼠标光标移到文本编辑区左侧，当鼠标光标变成形状时，双击鼠标左键，即可选择该段文本内容；将鼠标光标定位到词组中间或左侧，双击鼠标选择该单字或词。

● 三击选择：将鼠标光标定位到要选择的段落，三击鼠标选中该段所有文本；将鼠标光标移到文档左侧空白处，当光标变成形状时，三击鼠标可选中整篇文档。

2 使用键盘选择

使用键盘选择文本时，需先将插入点移动到要选择的文本的开始位置，然后按键盘上相应的快捷键即可。利用快捷键选择文本内容的功能如下表所示。

快捷键	功　能
Shift+→	选择光标右侧的一个字符
Shift+←	选择光标左侧的一个字符
Shift+↑	选择光标位置至上一行相同位置之间的文本
Shift+↓	选择光标位置至下一行相同位置之间的文本
Shift+Home	选择光标位置至行首的文本
Shift+End	选择光标位置至行尾的文本
Shift+PageDown	选择光标位置至下一屏之间的文本
Shift+PageUp	选择光标位置至上一屏之间的文本
Ctrl+Shift+Home	选择光标位置至文档开始处之间的文本
Ctrl+Shift+End	选择光标位置至文档结尾处之间的文本

进阶技巧

在Word文档中按Ctrl+A快捷键，即可选中整篇文档。

3 结合鼠标和键盘选择

使用鼠标和键盘结合的方式，不仅可以选择连续的文本，还可以选择不连续的文本。

● 选择连续的较长文本：将插入点定位到要选择区域的开始位置，按住Shift键不放，再移动光标至要选择区域的结尾处，单击鼠标左键即可选择该区域之间的所有文本内容。

● 选择不连续的文本：选择任意一段文本，按住Ctrl键，再拖动鼠标选择其他文本，即可同时选择多段不连续的文本。

● 选择整篇文档：按住Ctrl键不放，将光标移到文本编辑区左侧空白处，当光标变成形状时，单击鼠标左键即可选择整篇文档。

● 选择矩形文本：将插入点定位到开始位置，按住Alt键并拖动鼠标，即可选择矩形文本。

3.2.3 移动与复制文本

在文档中经常需要重复输入文本时，可以使用移动或复制文本的方法进行操作，以节省时间，加快输入和编辑的速度。

1 移动文本

移动文本是指将当前位置的文本移到另外的位置，在移动的同时，会删除原来位置的原版文本。移动文本后，原位置的文本消失。

移动文本有以下几种方法：

● 选择需要移动的文本，按Shift+X组合键剪切文本；在目标位置按Ctrl+V组合键来实现粘贴文本。

● 选择需要移动的文本，在【开始】选项卡的【剪贴板】组中，单击【剪切】按钮，在目标位置，单击【粘贴】按钮。

● 选择需要移动的文本，按下鼠标右键将其拖动至目标位置，松开鼠标后弹出一个快捷菜单，在其中选择【移动到此位置】命令。

● 选择需要移动的文本后，右击，在弹出的快捷菜单中选择【剪切】命令；在目标位置处右击，在弹出的快捷菜单中选择【粘贴】命令。

● 选择需要移动的文本后，按下鼠标左键不放，此时鼠标光标变为形状，并出现一条虚线。移动鼠标光标，当虚线移动到目标位置时，释放鼠标即可将选取的文本移动到该处。

2 复制文本

所谓文本的复制，是指将要复制的文本移动到其他的位置，而原版文本仍然保留在原来的位置。

复制文本的方法如下：

● 选取需要复制的文本，按Ctrl+C组合键复制，把插入点移到目标位置，再按Ctrl+V组合键粘贴文本。

● 选择需要复制的文本，在【开始】选项卡的【剪贴板】组中，单击【复制】按钮，将插入点移到目标位置，单击【粘贴】按钮。

● 选取需要复制的文本，按下鼠标右键将其拖动到目标位置，松开鼠标会弹出一个快捷菜单，在其中选择【复制到此位置】命令。

● 选取需要复制的文本，右击，从弹出的快捷菜单中选择【复制】命令，把插入点移到目标位置，右击，从弹出的快捷菜单中选择【粘贴】命令。

3.2.4 查找与替换文本

在篇幅比较长的文档中，使用Word 2010提供的查找与替换功能可以快速地找到文档中的某个信息或更改全文中多次出现的词语，从而不必反复地查找文本，使操作变得较为简单，节约办公时间，提高工作效率。

【例3-6】在"海报"文档中查找文本"工大"，并将其替换为"南大"。

视频+素材 (光盘素材\第03章\例3-6)

01 启动Word 2010应用程序，打开"海报"文档。

02 在【开始】选项卡的【编辑】组中单击【查找】按钮 查找 ，打开导航窗格。

03 在【导航】文本框中输入文本"工大"，此时Word 2010自动在文档编辑区以黄色高亮显示所查找到的文本。

04 在【开始】选项卡的【编辑】组中，单击【替换】按钮 替换 ，打开【查找和替换】对话框。

05 自动打开【替换】选项卡，此时【查找内容】文本框中显示文本"工大"，在【替换为】文本框中输入文本"南大"，单击【全部替换】按钮。

06 此时系统自动打开提示对话框，单击【是(Y)】按钮，执行全部替换操作。

进阶技巧

在【替换】选项卡中单击【替换】按钮，替换第一处满足条件的文本；单击【更多】按钮，展开更多选项，在其中设置区分大小写、区分全角/半角、忽略空格和忽略标点符号等。

07 替换完成后，打开完成替换提示框，单击【确定】按钮。

08 返回至【查找和替换】对话框，单击【关闭】按钮。

09 返回文档窗口，查看替换的文本。

3.2.5 删除文本

在编辑文档的过程中，可以对多余或错误的文本进行删除操作。

删除文本的操作方法如下：

按Backspace键，删除光标左侧的文本；按Delete键，删除光标右侧的文本。

选择需要删除的文本，在【开始】选项卡的【剪贴板】组中，单击【剪切】按钮 即可。

◯ 选择文本，按Backspace键或Delete键均可删除所选文本。

知识点滴

Word 2010状态栏中有【改写】和【插入】两种状态。在改写状态下，输入的文本将会覆盖其后的文本；而在插入状态下，会自动将插入位置后的文本向后移动。Word默认的状态是插入，若要更改状态，可以在状态栏中单击【插入】按钮 插入，此时将切换显示【改写】按钮 改写，单击该按钮，返回至插入状态。按Insert键，同样可以在这两种状态间切换。

3.2.6 撤销与恢复操作

编辑文档时，Word 2010会自动记录最近执行的操作，因此当操作错误时，可以通过撤销功能将错误操作撤销。如果误撤销了某些操作，还可以使用恢复操作将其恢复。

1 撤销操作

常用的撤销操作主要有以下两种：

在快速访问工具栏中单击【撤销】按钮 ↺，撤销上一次的操作。单击按钮右侧的下拉按钮，可以在弹出列表中选择要撤销的操作。

按Ctrl+Z组合键，撤销最近的操作。

2 恢复操作

恢复操作用来还原撤销操作，恢复撤销以前的文档。

常用的恢复操作主要有以下两种：

◯ 在快速访问工具栏中单击【恢复】按钮 ↻，恢复操作。

◯ 按Ctrl+Y组合键，恢复最近的撤销操作，这是Ctrl+Z的逆操作。

3.3 美化文本和段落

在Word 2010中，为了使文档更加美观、条理更加清晰，用户可以对文本格式和段落格式进行编辑。

3.3.1 设置文本格式

在Word文档中输入的文本默认字体为宋体，默认字号为五号。为了使文档更加美观、条理更加清晰，通常需要对文本进行格式化操作，如设置字体、字号、字体颜色、字形、字体效果和字符间距等。

1 使用【字体】组

选中要设置格式的文本，在功能区打开【开始】选项卡，使用【字体】组中提供的按钮即可设置文本格式。

◯ 字体：指文字的外观，Word 2010提供了多种字体，默认字体为宋体。

◯ 字形：指文字的一些特殊外观，例如加粗、倾斜、下画线、上标和下标等。单击【删除线】按钮 abc，可以为文本添加删除线效果。

◯ 字号：指文字的大小，Word 2010提供了多种字号。

◯ 字符边框：为文本添加边框，使用【带圈字符】按钮可为字符添加圆圈效果。

◯ 文本效果：为文本添加特殊效果，单击

该按钮，从弹出的菜单中可以为文本设置轮廓、阴影、映像和发光等效果。

☝ 字体颜色：指文字的颜色，单击【字体颜色】按钮右侧的下拉箭头，在弹出的菜单中选择需要的颜色命令。

☝ 字符缩放：增大或缩小字符。

☝ 字符底纹：为文本添加底纹效果。

2 使用浮动工具栏

选中要设置格式的文本，此时选中文本区域的右上角将出现浮动工具栏，使用工具栏提供的命令按钮可以进行文本格式的设置。

3 使用【字体】对话框

打开【开始】选项卡，单击【字体】对话框启动器 🔲，打开【字体】对话框，即可进行文本格式的相关设置。其中，【字体】选项卡可以设置字体、字形、字号、字体颜色和文本效果(包括删除线、双删除线、上标、下标、阴影等)，【高级】选项卡可以设置文本之间的间隔距离和位置，以及文本的缩放比例等。

【例3-7】创建"企业内部培训公告"文档，输入文本并进行设置。

🎬 视频+素材 (光盘素材\第03章\例3-7)

01 启动Word 2010应用程序，新建一个名为"企业内部培训公告"的文档，然后输入文本内容。

02 选取标题文本，在【开始】选项卡的【字体】组中，单击【字体】下拉按钮，

从弹出的下拉列表框中选择【方正粗活意简体】选项。

03 选取正文倒数第3段文本，打开【开始】选项卡，单击【字体】对话框启动器 🔲，打开【字体】对话框。

04 在【中文字体】下拉列表里选择【楷体】，【字形】选择【加粗】，【字号】选择【小五】，单击【确定】按钮。

05 使用相同方法，将标题文本设置为【加粗】、【一号】，【红色】，将副标题文本设置为【隶书】、【加粗】、【24】、【红色】，将倒数第二段文本设置为【加粗】、【倾斜】。

06 选取标题文本，打开【字体】对话框的【高级】选项卡，在【缩放】列表框中选择100%；在【间距】下拉列表中选择【加宽】选项，在【磅值】微调中输入1.5磅；在【位置】下拉列表中选择【降低】选项，在【磅值】微调框中输入3磅。

07 单击【确定】按钮，设置完成，此时文档效果如右上图所示。

进阶技巧

字符间距是指文档中字与字之间的距离。通常情况下，文本是以标准间距显示的，这样的字符间距适用于绝大多数文本。但有时候为了创建一些特殊的文本效果，需要扩大或缩小字符间距。

3.3.2 设置段落对齐方式

段落对齐指文档边缘的对齐方式，包括两端对齐、居中对齐、左对齐、右对齐和分散对齐。这5种对齐方式的说明如下：

🔹 **两端对齐**：系统默认设置，两端对齐时文本左右两端均对齐，但是段落最后不满一行的文字右边是不对齐的。

🔹 **左对齐**：文本的左边对齐，右边参差不齐。

🔹 **右对齐**：文本的右边对齐，左边参差不齐。

🔹 **居中对齐**：文本居中排列。

🔹 **分散对齐**：文本左右两边均对齐，而且每个段落的最后一行不满一行时，将拉开字符间距使该行均匀分布。

设置段落对齐方式时，先选定要对齐的段落，或将插入点定位到新段落的任意位置，然后可以通过单击【开始】选项卡的【段落】组(或浮动工具栏)中的相应按钮来实现，也可以通过【段落】对话框来实现。使用【段落】组最快捷方便，也是最常使用的方法。

【例3-8】在"企业内部培训公告"文档中设置文档的段落对齐方式。

⊙ 视频+素材 (光盘素材\第03章\例3-8)

◄----

01 启动Word 2010应用程序，打开"企业内部培训公告"文档。

02 将插入点定位在标题文本中，打开【开始】选项卡，在【段落】组中单击【居中】按钮 ≡，将标题设为居中对齐。

03 选取副标题文本，在【段落】组中单击【文本右对齐】按钮 ≡，将副标题设为右对齐。

04 选取最后两段文本，在【段落】组中单击对话框启动器按钮 ▣，打开【段落】对话框。

05 打开【缩进和间距】选项卡，在【常规】选项区域中单击【对齐方式】下拉按钮，从弹出的下拉菜单中选择【右对齐】选项，单击【确定】按钮。

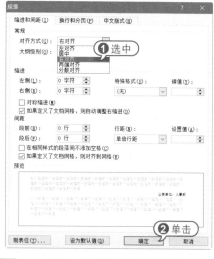

06 完成设置，文档最终效果如下图所示。

3.3.3 设置段落缩进

　　设置段落缩进是指设置段落中的文本与页边距之间的距离。Word 2010提供了以下4种段落缩进方式：

　　● 左缩进：设置整个段落左边界的缩进位置。

● 右缩进：设置整个段落右边界的缩进位置。

● 悬挂缩进：设置段落中除首行以外的其他行的起始位置。

● 首行缩进：设置段落中首行的起始位置。

1 使用标尺设置缩进量

通过水平标尺可以快速设置段落的缩进方式及缩进量。水平标尺中包括首行缩进、悬挂缩进、左缩进和右缩进4个标记。

拖动各标记就可以设置相应的段落缩进方式。

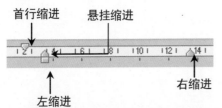

使用标尺设置段落缩进时，先在文档中选择要改变缩进的段落，然后拖动缩进标记到缩进位置，可以使某些行缩进。在拖动鼠标时，整个页面上出现一条垂直虚线，以显示新边距的位置。

进阶技巧

在使用水平标尺格式化段落时，按住Alt键不放，使用鼠标拖动标记，水平标尺上将显示具体的度量值，用户可以根据该值设置缩进量。

2 使用【段落】对话框设置缩进量

使用【段落】对话框可以准确地设置缩进量。打开【开始】选项卡，在【段落】组中单击对话框启动器，打开【段落】对话框的【缩进和间距】选项卡，在【缩进】选项区域中可以设置段落缩进。

【例3-9】在"企业内部培训公告"文档中，将正文的首行缩进两个字符。

● 视频+素材 (光盘素材\第03章\例3-9)

01 启动Word 2010应用程序，打开"企业内部培训公告"文档。

02 选取文档中的正文部分，打开【开始】选项卡，在【段落】组中单击对话框启动器按钮，打开【段落】对话框。

03 打开【缩进和间距】选项卡，在【特殊格式】下拉列表中选择【首行缩进】选项，在【度量值】微调框中输入"2字符"，单击【确定】按钮，完成设置。

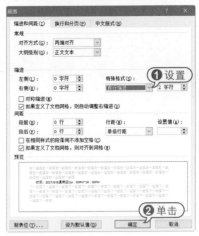

3.3.4 设置段落间距

设置段落间距包括对文档行间距与段间距的设置。其中，行间距是指段落中行与行之间的距离，段间距是指前后相邻段落之间的距离。

Word 2010默认的行间距值是单倍行距。打开【段落】对话框的【缩进和间距】选项卡，在【行距】下拉列表中选择【单倍行距】选项，并在【设置值】微调框中输入值，可以重新设置行间距；在【段前】和【段后】微调框中输入值，可以设置段间距。

【例3-10】在"企业内部培训公告"文档中，设置段落间距。

🎬 视频+素材 (光盘素材\第03章\例3-10)

01 启动Word 2010应用程序，打开"企业内部培训公告"文档。

02 将插入点定位在副标题段落，打开【开始】选项卡，在【段落】组中单击对话框启动器🔲，打开【段落】对话框。

03 打开【缩进和间距】选项卡，在【间距】选项区域的【段前】和【段后】微调框中输入"0.5行"，单击【确定】按钮。

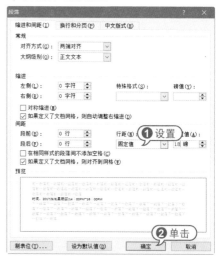

04 选取所有正文文本，使用同样的操作方法，打开【段落】对话框的【缩进和间距】选项卡，在【行距】下拉列表中选择【固定值】选项，在其后的【设置值】微调框中输入"18磅"，单击【确定】按钮，完成行距的设置。

3.4 添加项目符号和编号

通过项目符号和编号列表，可以对文档中并列的项目进行组织，或者对顺序排列的内容进行编号，以使这些项目的层次结构更清晰、更有条理。

3.4.1 插入项目符号和编号

Word 2010提供了自动添加项目符号和编号的功能。在以1.、(1)、a等字符开始的段落末尾按下Enter键，下一段开始将会自动出现2.、(2)、b等字符。

除了使用Word 2010的自动添加项目符号和编号功能外，还可以在输入文本之后，选中需要添加项目符号或编号的段落，打开【开始】选项卡，在【段落】组中单击【项目符号】按钮 ≡ ，将自动在每一段落的前面添加项目符号；单击【编号】按钮 ≡ ，将以1.、2.、3.的形式对各段进行编号。

【例3-11】 在"企业内部培训公告"文档中，插入项目符号和编号。

📀视频+素材 (光盘素材\第03章\例3-11)

01 启动Word 2010应用程序，打开"企业内部培训公告"文档。

02 选取正文第1~第5段文本，打开【开始】选项卡，在【段落】组中单击【编号】下拉按钮 ≡ ，从弹出的列表框中选择一种编号样式。

03 此时，将根据所选的编号样式，自动为所选段落添加编号。

企业内部培训公告

——文康电脑信息有限公司

1) 时间：2017/9/8(星期四)14：00PM~16：00PM
2) 地点：公司礼堂
3) 培训内容：Office办公应用知识讲座
4) 参加人员：公司各部门员工
5) 携带文件：
  工作证；
  讲座相关资料。

为了提高有关领导和办公室人员使用计算机进行工作和信息管理的能力，本公司自2017年9月起举办"Office办公应用知识讲座"，敬请各部门员工准时参加。如不能参加者，请事前向各部门领导请假。

公告单位：人事部
2017/8/28

04 选取正文第6和第7段文本，在【段落】组中单击【项目符号】下拉按钮 ≡ ，从弹出的列表框中选择一种项目符号样式。

05 此时，将根据所选的项目符号样式，自动为所选段落添加该项目符号。

企业内部培训公告

——文康电脑信息有限公司

1) 时间：2017/9/8(星期四)14：00PM~16：00PM
2) 地点：公司礼堂
3) 培训内容：Office办公应用知识讲座
4) 参加人员：公司各部门员工
5) 携带文件：
  ✦ 工作证；
  ✦ 讲座相关资料。

为了提高有关领导和办公室人员使用计算机进行工作和信息管理的能力，本公司自2017年9月起举办"Office办公应用知识讲座"，敬请各部门员工准时参加。如不能参加者，请事前向各部门领导请假。

公告单位：人事部
2017/8/28

3.4.2 自定义项目符号和编号

在使用项目符号和编号功能时，用户除了可以使用系统自带的项目符号和编号样式外，还可以对项目符号和编号进行自定义，以满足不同用户的需求。

1 自定义项目符号

选取项目符号段落，打开【开始】选项卡，在【段落】组中单击【项目符号】下拉按钮 ≔·，从弹出的快捷菜单中选择【定义新项目符号】命令，打开【定义新项目符号】对话框，在该对话框中可以自定义一种新项目符号。

【例3-12】在"企业内部培训公告"文档中，自定义项目符号。

○视频+素材 (光盘素材\第03章\例3-12)

01 启动Word 2010应用程序，打开"企业内部培训公告"文档。

02 选取需设置项目符号的段落，打开【开始】选项卡，在【段落】组中单击【项目符号】下拉按钮 ≔·，从弹出的下拉菜单中选择【定义新项目符号】命令，打开【定义新项目符号】对话框。

03 单击【图片】按钮，打开【图片项目符号】对话框。在该对话框中显示了许多图片项目符号，用户可以根据需要选择图片，然后单击【确定】按钮。

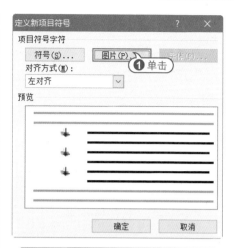

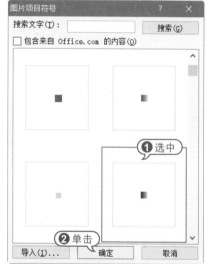

进阶技巧

在【图片项目符号】对话框中，单击【导入】按钮，打开【将剪辑添加到管理器】对话框，选中图片，单击【添加】按钮，可以将自己喜欢的图片添加到图片项目符号中。

04 返回至【定义新项目符号】对话框，在【预览】选项区域查看项目符号的效果，满意后，单击【确定】按钮。

可以在打开的【字体】对话框中设置项目编号的字体格式；在【对齐方式】下拉列表中选择编号的对齐方式。

另外，在【开始】选项卡的【段落】组中单击【编号】按钮 ☰·，从弹出的下拉菜单中选择【设置编号值】命令，打开【起始编号】对话框，在其中可以自定义编号的起始数值。

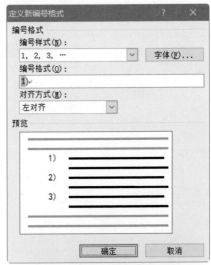

05 返回至Word 2010窗口，此时在文档中将显示自定义的图片项目符号。

企业内部培训公告

——文康电脑信息有限公司

1) 时间：2017/9/8(星期四)14：00PM~16：00PM
2) 地点：公司礼堂
3) 培训内容：Office办公应用知识讲座
4) 参加人员：公司各部门员工
5) 携带文件：
■ 工作证
■ 讲座相关资料

为了提高有关领导和办公室人员使用计算机进行工作和信息管理的能力，本公司自2017年9月起举办"Office办公应用知识讲座"，敬请各部门员工届时参加。如不能参加者，请事前向各部门领导请假。
公告单位：人事部
2017/8/28

2 自定义编号

选取编号段落，打开【开始】选项卡，在【段落】组中单击【编号】下拉按钮 ☰·，从弹出的下拉菜单中选择【定义新编号格式】命令，打开【定义新编号格式】对话框。在【编号样式】下拉列表中选择一种编号样式；单击【字体】按钮，

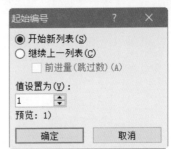

3.5 添加边框和底纹

在使用Word 2010进行文字处理时，为了使文档更加引人注目，可根据需要为文字和段落添加各种各样的边框和底纹，以增加文档的生动性和实用性。

3.5.1 添加边框

Word 2010提供了多种边框供用户选择，用来强调或美化文档内容。在Word 2010中可以为字符、段落、整个页面设置边框。

1 为文字或段落设置边框

选择要添加边框的文本或段落，在【开始】选项卡的【段落】组中单击【下框线】下拉按钮 ，在弹出的菜单中选择【边框和底纹】命令，打开【边框和底纹】对话框的【边框】选项卡，在其中进行相关设置。

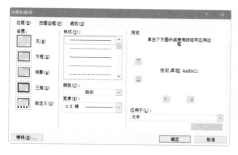

- - - - - - - - - - - - - - - - - - ▶

【例3-13】在"企业内部培训公告"文档中，为文本设置边框。

视频+素材 (光盘素材\第03章\例3-13)

◀ - - - - - - - - - - - - - - - -

01 启动Word 2010应用程序，打开"企业内部培训公告"文档。

02 选取标题文本，打开【开始】选项卡，在【段落】组中单击【下框线】下拉按钮，在弹出的菜单中选择【边框和底纹】命令，打开【边框和底纹】对话框.

03 打开【边框】选项卡，在【设置】选项区域选择【三维】选项；在【样式】列表框中选择一种线型样式；在【颜色】下拉列表框中选择【橙色】色块，单击【确定】按钮。

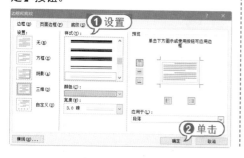

04 此时，即可为标题添加一个边框，效果如下图所示。

05 选取倒数第3段文本，使用同样的方法，打开【边框和底纹】对话框的【边框】选项卡，在【设置】选项区域选择【方框】选项；在【样式】列表框中选择一种样式；在【颜色】下拉列表框中选择【深红】色块，单击【确定】按钮。

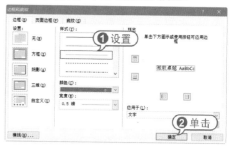

06 此时，即可为该文本添加一个边框，效果如下图所示。

2 页面边框

设置页面边框可以使打印出的文

档更加美观。特别是要设置一篇精美的文档时，添加页面边框是一个很好的办法。

打开【边框和底纹】对话框的【页面边框】选项卡，在其中进行设置，只需在【艺术型】下拉列表中选择一种艺术型样式后，单击【确定】按钮，为页面应用该艺术型边框。

3.5.2 添加底纹

设置底纹不同于设置边框，只能对文字、段落添加底纹，而不能对页面添加。

打开【边框和底纹】对话框的【底纹】选项卡，在其中对填充的颜色和图案等进行相关设置。

需要注意的是，在【应用于】下拉列表中可以设置需要添加底纹的对象、文本或段落。

【例3-14】在"企业内部培训公告"文档中，为文本和段落设置底纹。

📹 视频+素材 (光盘素材\第03章\例3-14)

01 启动Word 2010应用程序，打开"企业内部培训公告"文档。

02 选取正文第2段和第5段文本，打开【开始】选项卡，在【字体】组中单击【以不同颜色突出显示文本】下拉按钮，选择【鲜绿】选项，即可快速为文本添加鲜绿色底纹。

03 选取所有的文本，打开【开始】选项卡，在【段落】组中单击【下框线】下拉按钮，在弹出的菜单中选择【边框和底纹】命令，打开【边框和底纹】对话框。打开【底纹】选项卡，单击【填充】下拉按钮，从弹出的颜色面板中选择【橙色】色块，然后单击【确定】按钮。

04 此时，即可为文档中的所有段落添加一种橙色的底纹。

本添加【青绿】底纹。

05 使用同样的操作方法，为项目符号文

3.6 进阶实战

　　本章的进阶实战部分为创建Word文档并设置文本段落这个综合实例操作，用户通过练习从而巩固本章所学知识。

【例3-15】使用Word 2010制作"通知书"文档。

视频+素材 (光盘素材\第03章\例3-15)

01 启动Word 2010应用程序，新建一个名为"通知书"的文档，然后输入文本内容。

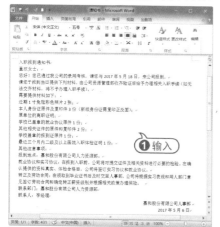

02 选取标题文本"入职报到通知书"，打开【开始】选项卡，单击【字体】对话框启动器，打开【字体】对话框。

03 设置字体为【微软雅黑】，字号为

【二号】，字体颜色为【黑色】。

04 打开【高级】选项卡，设置文本的字符间距为【加宽】，磅值为【6磅】，单击【确定】按钮。

05 在【开始】选项卡的【段落】组中单击【居中】按钮，设置标题文本居中对齐。

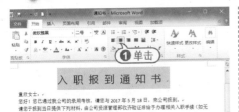

06 将光标定位在标题末尾，按Enter键换行，按Shift+~组合键，在正文和标题之间插入~符号。

07 选取第2~第4和倒数第3和第4段文本，单击【段落】组的对话框启动器 □ ，打开【段落】对话框的【缩进和间距】选项卡。

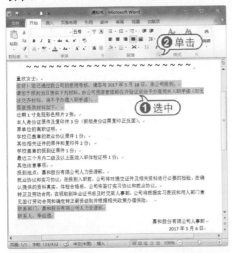

08 在【特殊格式】下拉列表中选择【首行缩进】选项，在【磅值】文本框中输入"2字符"，单击【确定】按钮，设置段落首行缩进两个字符。

09 选择段落"需要提供的材料如下："后面的并列文本，打开【开始】选项卡，在【段落】组中单击【项目符号】下拉按钮 ≔ ，从弹出的下拉菜单中选择【定义新项目符号】命令。打开【定义新项目符号】对话框，单击【图片】按钮。

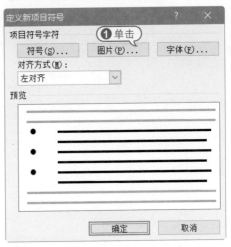

10 打开【图片项目符号】对话框，单击【导入】按钮。

11 打开【将剪辑添加到管理器】对话框，查找图片所在位置，选中图片，单击【添加】按钮。

12 返回至【图片项目符号】对话框，预览导入的图片，选中该图片项目符号，单击【确定】按钮。

13 返回【定义新项目符号】对话框，在【预览】选项区域查看项目符号的效果，单击【确定】按钮。

14 返回至Word 2010窗口，此时在文档中显示自定义的图片项目符号。

- ❯ 近期1寸免冠彩色照片2张；
- ❯ 本人身份证原件及复印件3份（新版身份证需复印正反面）；
- ❯ 原单位的离职证明；
- ❯ 学校已盖章的就业协议原件1份；
- ❯ 其他相关证件的原件和复印件2份；
- ❯ 学校盖章的报到证原件1份；
- ❯ 最近三个月内二级及以上医院入职体检证明1份；

15 选择段落"其他注意事项："后面的并列文本，然后在【开始】选项卡的【段落】组中单击【编号】下拉按钮，从弹出的下拉菜单中选择一种编号样式。

16 选择段落"其他注意事项："，打开【开始】选项卡，在【字体】组中单击【以不同颜色突出显示文本】下拉按钮 ，选择【红色】选项，即可为文本添加红色底纹。

17 选择段落"其他注意事项："后方的3段文本，在【开始】选项卡的【段落】组中单击【下边框】下拉按钮 ，从弹出的快捷菜单中选择【边框和底纹】命令，打开【边框和底纹】对话框，打开【边框】选项卡，在【设置】选项区域选择【阴影】选项，然后单击【确定】按钮。

18 按Ctrl+A快捷键，选中整个文档，打开【页面布局】选项卡，在【页面背景】组中单击【页面边框】按钮，打开【边框和底纹】对话框，打开【页面边框】选项卡，在【设置】选项区域选择【方框】选项；在【艺术型】下拉列表中选择一种边框样式，然后单击【确定】按钮。

19 文档最终效果如下图所示，在快速访问工具栏中单击【保存】按钮 ，保存设置后的文档。

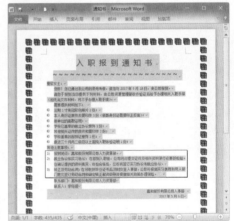

3.7 疑点解答

● 问：如何批量设置Word中的上标和下标？

答：如果在Word 2010中输入需要设置上标和下标的文本，选择要设置上标的文本后，在【开始】选项卡的【字体】组中单击【上标】按钮 ，设置成上标文本，然后在【剪贴板】组中双击【格式刷】按钮 ，此时光标成"刷子"状态，按住左键选择要设置成上标的文本，即可批量设置上标。再次单击【格式刷】按钮，退出格式刷模式。使用同样的操作方法，批量设置下标。

第4章

制作图文并茂的文档

　　在文档中适当地插入一些图形、图片和表格等对象，不仅会使文章显得生动有趣，还能帮助读者更快地理解文档内容。本章主要介绍Word 2010的绘图和图形处理功能，从而实现文档的图文混排。

对应光盘视频

4.1 使用表格

为了更形象地说明问题，常常需要在文档中制作各种各样的表格。Word 2010提供了强大的表格制作功能，可以快速地创建与编辑表格。

4.1.1 插入表格

在Word 2010中可以使用多种方法来插入表格。

● 使用表格网格框创建表格：打开【插入】选项卡，单击【表格】组中的【表格】按钮，在弹出的菜单中会出现一个网格框。在其中，按住鼠标左键并拖动确定要创建表格的行数和列数，然后单击，即可创建一个规则表格。

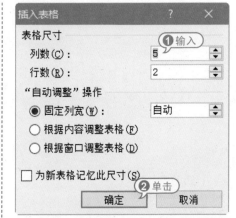

● 绘制不规则表格：打开【插入】选项卡，在【表格】组中单击【表格】按钮，从弹出的菜单中选择【绘制表格】命令，此时鼠标光标变为 ∥ 形状，按住鼠标左键不放并拖动，会出现一个表格的虚框，待达到合适大小后，释放鼠标即可生成表格的边框。然后在表格边框的任意位置，用鼠标单击选择一个起点，按住鼠标左键不放并向右(或向下)拖动绘制出表格中的横线(或竖线)。

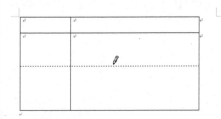

● 使用对话框创建表格：打开【插入】选项卡，在【表格】组中单击【表格】按钮，在弹出的菜单中选择【插入表格】命令，打开【插入表格】对话框。在【列数】和【行数】微调框中可以指定表格的列数和行数，单击【确定】按钮即可。

● 插入内置表格：打开【插入】选项卡，在【表格】组中单击【表格】按钮，在弹出的菜单中选择【快速表格】命令的子命令即可。

知识点滴

在【插入】选项卡的【表格】组中，单击【表格】按钮，在弹出的菜单中选择【Excel电子表格】命令，即可插入Excel工作表。

【例4-1】创建"员工考核表"文档，在其中创建9行6列的表格。

视频+素材 (光盘素材\第04章\例4-1)

01 启动Word 2010应用程序，新建一个名为"员工考核表"的文档。在插入点处输入表题"员工每月工作业绩考核与分析"，设置其格式为【华文细黑】、【小二】、【加粗】、【深蓝】、【居中】。

02 将插入点定位在标题下一行，打开【插入】选项卡，在【表格】组中单击【表格】按钮，在弹出的菜单中选择【插入表格】命令，打开【插入表格】对话框。

03 在【列数】和【行数】文本框中分别输入6和9，选中【固定列宽】单选按钮，在其后的文本框中选择【自动】选项，单击【确定】按钮。

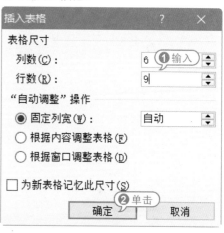

04 此时，即可在文档中将插入一个9×6的规则表格。

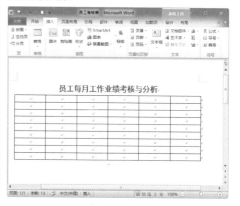

05 在快速访问工具栏中单击【保存】按钮，保存创建的"员工考核表"文档。

4.1.2 编辑表格

表格创建完成后，还需要对其进行编辑和修改操作，如选定行、列和单元格，插入和删除行、列，合并和拆分单元格等，以满足不同的需要。

1 选定行、列和单元格

对表格进行格式化之前，首先要选定表格编辑对象。

● 选定一个单元格：将鼠标移动至该单元格的左侧区域，当光标变为➧形状时，单击鼠标左键。

● 选定整行：将鼠标移动至该行的左侧，当光标变为⟋形状时，单击鼠标左键。

● 选定整列：将鼠标移动至该列的上方，当光标变为↓形状时，单击鼠标左键。

● 选定多个连续单元格：沿被选区域左上角向右下角拖曳鼠标。

● 选定多个不连续单元格：选取第1个单元格后，按住Ctrl键不放，再分别选取其他的单元格。

● 整个表格：移动鼠标到表格左上角图标⊞，然后单击鼠标左键。

2 插入或删除行、列和单元格

在Word 2010中，可以很方便地完成行、列和单元格的插入或删除操作。

● 插入行、列和单元格：打开【表格工具】的【布局】选项卡，在【行和列】组中单击相应的按钮插入行或列；单击对话框启动器按钮，打开【插入单元格】对话框，在其中选中对应的单选按钮，单击【确定】按钮即可。

● 删除行、列和单元格：打开【表格工具】的【布局】选项卡，在【行和列】组中单击【删除】按钮，从弹出的菜单中选择相应的命令。

3 拆分与合并单元格

选取要拆分的单元格，打开【表格工具】的【布局】选项卡，在【合并】组中单击【拆分单元格】按钮，打开【拆分单元格】对话框，在【列数】和【行数】文本框中分别输入需要拆分的列数和行数即可。

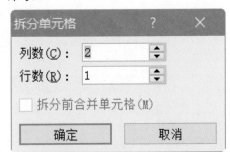

选取要合并的单元格，打开【表格工具】的【布局】选项卡，在【合并】组中单击【合并单元格】按钮，此时Word就会删除所选单元格之间的边界，建立起一个新的单元格，并将原来单元格区域的列宽和行高合并为当前单元格区域的列宽和行高。

4 调整行高和列宽

创建表格时，表格的行高和列宽都是默认值，而在实际工作中常常需要随时调整表格的行高和列宽。在Word 2010中可以使用多种方法调整表格行高和列宽。

● 自动调整：将插入点定位在表格内，打开【表格工具】的【布局】选项卡，在【单元格大小】组中单击【自动调整】按钮，从弹出的菜单中选择相应的命令，即可便捷地调整表格的行与列。

使用鼠标拖动进行调整：将插入点定位在表格内，将鼠标光标移动到需要调整的边框线上，待鼠标光标变成双向箭头÷和┅┅时，按下鼠标左键拖动即可。

使用对话框进行调整：将插入点定位在表格内，在【表格工具】的【布局】选项卡的【单元格大小】组中，单击对话框启动器按钮，打开【表格属性】对话框，在其中进行设置。

5 在表格中输入文本

用户可以在表格的各个单元格中输入文字、插入图形，也可以对各单元格中的内容进行剪切和粘贴等操作，这和在正文文本中所做的操作基本相同。将光标置于表格的单元格中，直接利用键盘输入文本即可。

【例4-2】在"员工考核表"文档，对表格进行编辑操作。
视频+素材 (光盘素材\第04章\例4-2)

---

01 启动Word 2010应用程序，打开"员工考核表"文档。

02 选取表格的第2行的后5个单元格，打开【表格工具】的【布局】选项卡，在【合并】组中单击【合并单元格】按钮，合并这5个单元格。

03 使用同样的操作方法，合并其他的单元格。

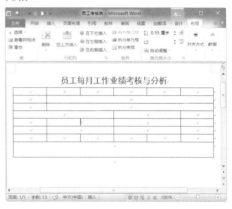

04 将插入点定位在第5行第2列的单元格中，在【合并】组中单击【拆分单元格】按钮，打开【拆分单元格】对话框。在该对话框中，在【列数】和【行数】文本框分别输入1和3，单击【确定】按钮，此时该单元格被拆分成3个单元格。

05 使用同样的操作方法，拆分其他的单元格，效果如下图所示。

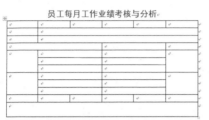

06 将插入点定位在第2行的任意单元格中，在【单元格大小】组中单击对话框启动器，打开【表格属性】对话框的【行】选项卡，在【尺寸】选项区域选中【指定高度】复选框，在其后的微调框中输入"1厘米"，单击【下一行】按钮。

07 设置第3行的行高为"1厘米"、第11行的行高为"2厘米"、第12行的行高为"4厘米"，单击【确定】按钮，完成行高的设置，整体效果如下图所示。

08 将插入点定位在第1列，打开【表格属性】对话框的【列】选项卡，在【尺寸】选项区域选中【指定宽度】复选框，在其后的微调框中输入"2厘米"，单击【后一列】按钮。

09 设置第6列的列宽为"3厘米"，单击【确定】按钮，完成列宽的设置，效果如下图所示。

10 选取整个表格，设置表格文本的字体颜色为【深蓝】。

11 将鼠标光标移动到第1行第1列的单元格处，单击鼠标左键，将插入点定位到该单元格中，输入文本"姓名"，按Tab键，依次在各个单元格中输入文本，如左下图所示。

员工每月工作业绩考核与分析						
姓 名：		单 位：		职 务：		①输入
考勤状况：	迟到 次		早退 次		旷工 次	
	病假 次		事假 次		其他 次	
奖惩状况：	嘉奖 次		记功 次			
	警告 次		记过 次		其他 次	
考 核 内 容			等 级		总 评	
工作成效：	工作质量：		A、B、C、D			
	工作效率：		A、B、C、D			
	工作量：		A、B、C、D			
工作态度：	尊重领导，服从工作安排：		A、B、C、D			
	团结同志，横向协作精神：		A、B、C、D			
	遵守制度，个人行为道德：		A、B、C、D			
部门经理： 签字：		主管领导： 签字：		人事(或劳资)： 部门经理： 签字：		
备注：						

12 选取表格的第1~第11行单元格，打开【表格工具】的【布局】选项卡，在【对齐方式】组中单击【水平居中】按钮，设置文本为中部居中对齐。

13 此时表格的整体效果如下图所示，最后在快速访问工具栏中单击【保存】按钮，保存"员工考核表"文档。

4.2 使用图片

为了使文档更加美观、生动，可以在其中插入图片对象。在Word 2010中，不仅可以插入系统提供的图片，还可以从其他程序或位置导入图片，甚至可以使用屏幕截图功能直接从屏幕中截取画面。

4.2.1 插入剪贴画

Word 2010提供的剪贴画内容非常丰富，它们设计精美、构思巧妙，能够表达不同的主题，适合于制作各种文档。

要插入剪贴画，可以打开【插入】选项卡，在【插图】组中单击【剪贴画】按钮，打开【剪贴画】窗格，单击【搜索】按钮，将显示出系统内置的剪贴画。

【例4-3】 新建一个名为"宣传单"的文档，在其中插入剪贴画。

◎ 视频+素材 (光盘素材\第04章\例4-3)

01 启动Word 2010应用程序，打开一个空白文档，并将其以文件名"宣传单"进行保存。

02 打开【插入】选项卡，在【插图】组中单击【剪贴画】按钮，打开【剪贴画】任务窗格。在【搜索文字】文本框中输入"果汁"，单击【搜索】按钮，即可开始查找电脑与网络上的剪贴画文件。

知识点滴

在【剪贴画】任务窗格中，在【结果类型】下拉列表框中可以将搜索的结果设置为特定的媒体文件类型。

03 搜索完毕后，将在其下的列表框中显示搜索结果，单击所需的剪贴画图片，即可将其插入到文档中。

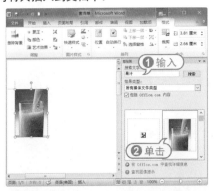

4.2.2 插入本机图片

在Word 2010中除了可以插入剪贴画外，还可以从本地磁盘的其他位置选择要插入的图片文件。

打开【插入】选项卡，在【插图】组中单击【图片】按钮，打开【插入图片】对话框，选择图片文件，单击【插入】按钮，即可将图片插入到文档中。

【例4-4】在"宣传单"文档中插入电脑中已保存的图片。
🎬视频+素材 (光盘素材\第04章\例4-4)

01 启动Word 2010应用程序，打开"宣传单"文档，将插入点定位到插入的剪贴画右侧的段落标记位置，按Enter键，换行。

02 打开【插入】选项卡，在【插图】组中单击【图片】按钮，打开【插入图片】

对话框。打开电脑中保存图片的位置，选中图片，单击【插入】按钮，即可将其插入到文档中。

4.2.3 插入屏幕截图

如果需要在Word文档中使用当前正在编辑的窗口或网页中的某个图片或者图片的一部分，可以使用Word 2010提供的屏幕截图功能来实现。

【例4-5】在"宣传单"文档中，使用屏幕截图功能截取打开的图片。
🎬视频+素材 (光盘素材\第04章\例4-5)

01 启动Word 2010应用程序，打开"宣传单"文档，然后打开要截取的图片。

02 切换到"宣传单"文档窗口，打开【插入】选项卡，在【插图】组中单击【屏幕截图】按钮，从弹出的列表框中选择【屏幕剪辑】选项。进入屏幕截图状态，灰色区域中显示要截取的图片窗口，将鼠标光标移动到需要图片的位置，待光标变为十字形状时，按住鼠标左键进行拖动。

03 拖动鼠标至合适的位置后，释放鼠标，截图完毕，此时将在文档中显示所截取的图片。

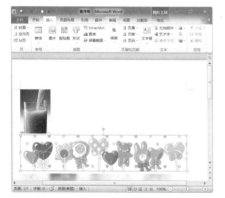

04 在快速访问工具栏中单击【保存】按钮 🔲 ，保存插入的图片。

4.2.4 编辑图片

插入图片后，Word 2010会自动打开【图片工具】的【格式】选项卡，可以设置图片的颜色、大小、版式和样式等。

【例4-6】在"宣传单"文档中，设置图片格式。

⊙ 视频+素材 (光盘素材\第04章\例4-6)

01 启动Word 2010应用程序，打开"宣传单"文档。

02 选中插入的剪贴画，打开【图片工具】的【格式】选项卡，在【大小】组的【形状高度】微调框中输入"2.5厘米"，按Enter键，即可自动调节图片的宽度和高度。

03 在【排列】组中，单击【自动换行】按钮，从弹出的菜单中选择【浮于文字上方】命令，此时剪贴画将浮动在下方的图片上。

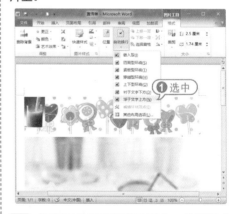

04 将鼠标光标移至剪贴画上，待鼠标光标变为 形状时，按住鼠标左键不放，向文档最右侧拖动，拖动到合适位置后，释放鼠标左键，调节剪贴画的位置。

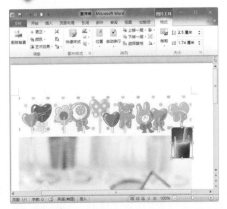

05 使用同样的操作方法，设置其他图片的环绕方式为【衬于文字下方】，然后复制一张剪贴画，并使用鼠标拖动法调节各个图片到合适位置。

06 选中下方的图片，打开【图片工具】的【格式】选项卡，在【调整】组中单击【颜色】下拉按钮，从弹出的列表中选择一种颜色饱和度、色调和重新着色效果，即可快速为图片重新设置色调。

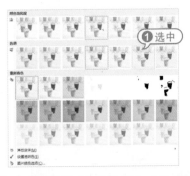

07 在【图片样式】组中单击【其他】按钮 ，从弹出的样式列表框中选择【矩形投影】选项，即可快速为图片应用该样式。

08 在快速访问工具栏中单击【保存】按钮 ，保存"宣传单"文档。

知识点滴

在【图片样式】组中单击【图片边框】按钮，可以为图片设置边框的颜色和线型；单击【图片效果】按钮，可以为图片设置阴影、映像、发光和三维效果等效果。

4.3 使用艺术字和文本框

使用Word 2010可以创建出文字的各种艺术效果，这些艺术字给文章增添了强烈的视觉冲击效果。此外，文本框可以用来建立特殊的文本，并且对其进行一些特殊的处理。

4.3.1 插入艺术字

在Word 2010中可以按预定义的形状来创建艺术字，打开【插入】选项卡，在【文本】组中单击【艺术字】按钮，在打开的艺术字列表框中选择样式即可。

【例4-7】在"宣传单"文档中,插入艺术字并设置格式。

🔵 视频+素材 (光盘素材\第04章\例4-7)

01 启动Word 2010应用程序,打开"宣传单"文档。

02 将插入点定位在第1行,打开【插入】选项卡,在【文本】组中单击【艺术字】按钮,在艺术字列表框中选择【填充-橙色,强调文字颜色6,暖色粗糙棱台】样式,即可在插入点处插入所选的艺术字。

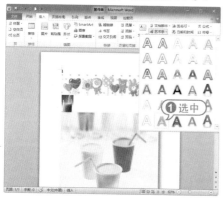

03 在提示文本"请在此放置您的文字"处输入文本,设置字体为【华文琥珀】、字号为【初号】,然后拖动鼠标调节艺术字至合适的位置。

04 选中艺术字,打开【绘图工具】的【格式】选项卡,在【艺术字样式】组中单击【文字效果】按钮,从弹出的菜单中选择【发光】命令,然后在【发光变体】选项区域选择【水绿色,11pt发光,强调文字颜色5】选项,为艺术字应用该文字发光效果。

05 在【大小】组的【高度】和【宽度】微调框中分别输入"4厘米"和"12厘米",按Enter键,完成艺术字的大小设置。

06 在快速访问工具栏中单击【保存】按钮🔲,保存"宣传单"文档。

4.3.2 插入文本框

文本框是一种图形对象,它作为存放文本或图形的容器,可置于页面中的任何位置,并可随意地调整其大小。

1 内置文本框

Word 2010提供了44种内置文本框。例如,简单文本框、边线型提要栏和大括号型引述等。通过插入这些内置文本框，可以快速制作出优秀的文档。

打开【插入】选项卡，在【文本】组中单击【文本框】下拉按钮，从弹出的列表框中选择一种内置的文本框样式，即可快速地将其插入到文档的指定位置。

简单文本框　　奥斯汀提要栏　　奥斯汀重要引言

边线型提要栏　　边线型引述　　传统型提要栏

绘制文本框(D)
绘制竖排文本框(V)
将所选内容保存到文本框库(S)

知识点滴

插入内置文本框后，Word程序会自动选中文本框中的文本，此时用户可以在文本框中直接输入文本内容。

2　绘制文本框

除了可以插入内置的文本框外，在Word 2010中还可以根据需要手动绘制横排或竖排文本框，该文本框主要用于插入文本和图片等内容。

【例4-8】在"宣传单"文档中，绘制横排文本框。

视频+素材 (光盘素材\第04章\例4-8)

01 启动Word 2010应用程序，打开"宣传单"文档。

02 打开【插入】选项卡，在【文本】组中单击【文本框】按钮，从弹出的菜单中选择【绘制文本框】命令。

03 将鼠标光标移动到合适的位置，待其变成十字形时，拖动鼠标光标绘制横排文本框，释放鼠标，完成横排文本框的绘制操作。

04 在文本框的插入点处输入文本，并设置字体为【华文行楷】、字号为【小四】、字体颜色为【深蓝】。

05 选中文本框，打开【绘图工具】的【格式】选项卡，在【形状样式】组中单击【形状填充】按钮，从弹出的菜单中选择【无填充颜色】选项。单击【形状轮廓】按钮，从弹出的菜单中选择【无轮廓】选项，为文本框设置无填充颜色和无轮廓效果。

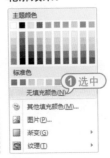

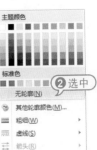

知识点滴

右击插入的文本框，从弹出的快捷菜单中选择【设置形状格式】命令，打开【设置形状格式】对话框，在其中可以设置文本框的格式，如填充、线型、阴影效果等。

地址：健康路15号　　预订电话：95555555.

4.4 使用形状和SmartArt图形

Word 2010提供了一套可用的自选图形形状，可以快速绘制各种简单图形。此外还提供了SmartArt图形功能，用来说明各种概念性的内容。

4.4.1 添加形状

使用Word 2010提供的功能强大的绘图工具，可以方便地制作各种图形及标志。打开【插入】选项卡，在【插图】组中单击【形状】按钮，在弹出的下拉列表中选择需要绘制的图形，当鼠标光标变为+形状时，按住鼠标左键拖动，即可绘制出相应的形状。

【例4-9】在"宣传单"文档中，绘制【折角形】图形，并添加文本。

视频+素材 (光盘素材\第04章\例4-9)

01 启动Word 2010应用程序，打开"宣传单"文档。

02 打开【插入】选项卡，在【插图】组中

单击【形状】下拉按钮，从弹出的列表框的【基本形状】区域选择【折角形】选项。

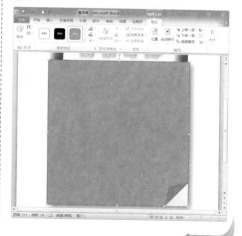

03 将鼠标光标移至文档中，待其变成+形状时，按住左键不放并拖动绘制折角形。

04 选中自选图形，右击，从弹出的快捷菜单中选择【添加文字】命令。

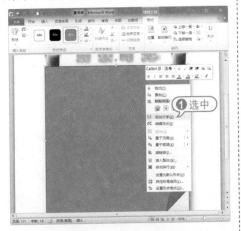

05 此时在图形中显示闪烁的光标，在光标处输入文本，然后设置标题字体为【华文琥珀】、字号为【二号】、字体颜色为【黄色】；设置类目和正文文本字体为【方正粗圆简体】、字号为【四号】、字体颜色为【橙色】，效果如下图所示。

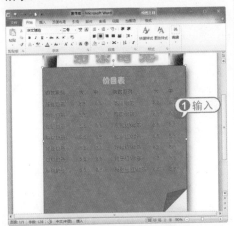

06 选中【折角形】图形，打开【绘图工具】的【格式】选项卡，在【形状样式】组中单击【形状填充】按钮，从弹出的菜单中选择【无填充颜色】选项，设置自选图形无填充色。

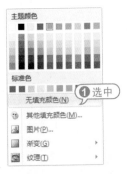

07 在【形状样式】组中单击【形状轮廓】按钮，从弹出的菜单中选择一种颜色选项，为自选图形设置线条颜色。

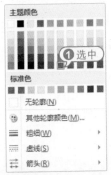

08 在【形状样式】组中单击【形状效果】按钮，从弹出的菜单中选择【发光】命令，然后在【发光变体】列表框中选择【橄榄色，11pt发光，强调文字颜色3】选项，为自选图形应用该发光效果。

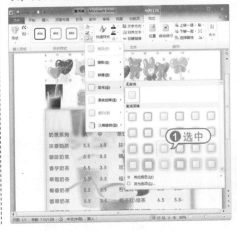

09 在快速访问工具栏中单击【保存】按钮 🖫，保存"宣传单"文档。

4.4.2 添加SmartArt图形

SmartArt图形用于在文档中演示流程、层次结构、循环和关系等。打开【插入】选项卡，在【插图】组中单击SmartArt按钮，或按Alt+N+M组合键，打开【选择SmartArt图形】对话框，选择合适的图形类型即可。

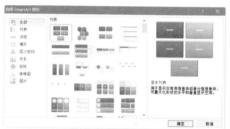

插入SmartArt图形后，如果对预设的效果不满意，可以在【SmartArt工具】的【设计】和【格式】选项卡中对格式进行相关设置，如更改SmartArt图形样式、设置文本的填充色以及三维效果等。

【例4-10】在"宣传单"文档中，插入并设置SmartArt图形。

🎬视频+素材 (光盘素材\第04章\例4-10)

01 启动Word 2010应用程序，打开"宣传单"文档。

02 打开【插入】选项卡，在【插图】组中单击SmartArt按钮，打开【选择SmartArt图形】对话框。打开【流程】选项卡，在右侧的列表框中选择【重点流程】选项，然后单击【确定】按钮。

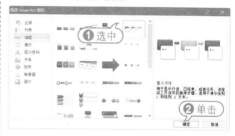

03 此时即可在文档中插入【重点流程】样式的SmartArt图形。右击最后一个蓝色【[文本]】占位符，选择【添加形状】|【在后面添加形状】命令，在该占位符的后面添加一个形状。

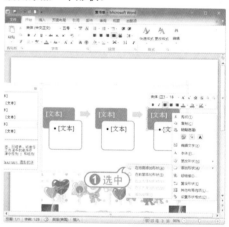

04 拖动鼠标调节SmartArt图形的大小，在【文本】处单击，并输入文字。

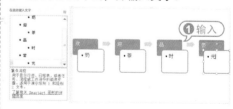

05 右击SmartArt图形，选择【自动换行】|【浮于文字上方】命令，设置图形的环绕格式。

06 使用鼠标拖动的方法调整SmartArt图形到合适的位置。

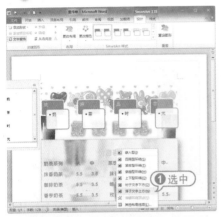

08 打开【SmartArt工具】的【格式】选项卡，在【艺术字样式】组中单击【其他】按钮 ，打开艺术字样式列表框，选择第6行第3列样式，为SmartArt图形中的文本应用该艺术字样式。

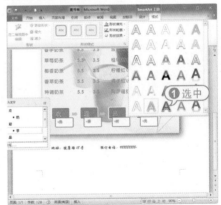

07 选中SmartArt图形，打开【SmartArt工具】的【设计】选项卡，在【SmartArt样式】组中单击【更改颜色】按钮，在打开的颜色列表中选择【彩色填充-强调文字颜色6】选项，为图形更改颜色。

4.5 使用图表

　　Word 2010提供了建立图表的功能，用来组织和显示信息。与文字数据相比，形象直观的图表更容易使人理解。在文档中适当插入图表可使文本更加直观、生动、形象。

4.5.1 添加图表

　　要插入图表，可以打开【插入】选项卡，在【插图】组中单击【图表】按钮，打开【插入图表】对话框，在该对话框中选择一种图表类型后，单击【确定】按钮。

　　此时即可在文档中插入图表，同时会启动Excel 2010应用程序，用于编辑图表中的数据，该操作和Excel类似。

【例4-11】新建一个名为"文具销售统计"的文档，并在其中插入图表。
视频+素材 (光盘素材\第04章\例4-11)

01 启动Word 2010应用程序，新建一个文档，选择【插入】选项卡，在【插图】组中单击【图表】按钮。

02 打开【插入图表】对话框，选择【柱形图】选项卡中的【三维簇状柱形图】选项，然后单击【确定】按钮。

03 此时将弹出【Microsoft Word中的图表】窗口，此表格是图表的默认数据显示形式。

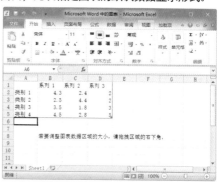

04 这里可以修改表格中的数据，如将"系列1"改为"1月销量"，"类别1"等数据也可以任意更改。

05 单击表格窗口中的【关闭】按钮，在Word中显示更改数据后的图表。

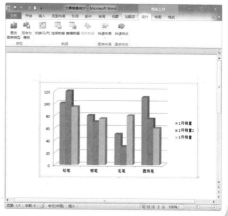

06 选择【文件】|【保存】命令，打开【另存为】对话框，将文档命名为"文具销售统计"加以保存。

4.5.2 编辑图表

插入图表后，打开【图表工具】的【设计】、【布局】和【格式】选项卡，通过功能工具按钮可以设置相应的图表的样式、布局以及格式等，使插入的图表内容表现更为直观。

【例4-12】在"文具销售统计"文档中编辑图表。

🎬 视频+素材 (光盘素材\第04章\例4-12)

01 启动Word 2010应用程序，打开"文具销售统计"文档。

02 双击柱形图图表中的【1月销量】的【圆珠笔】形状，打开【设置数据点格式】对话框，选择【填充】选项卡，选中【纯色填充】单选按钮，设置填充颜色为【红色】，单击【关闭】按钮。

03 此时该柱状形状变为红色，效果如右上图所示。

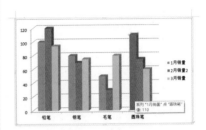

04 单击绿色柱状形状，即【3月销量】的所有形状，右击选择【设置数据系列格式】命令，打开【设置数据系列格式】对话框，在【填充】选项卡中选中【渐变填充】单选按钮，设置渐变光圈，单击【关闭】按钮。

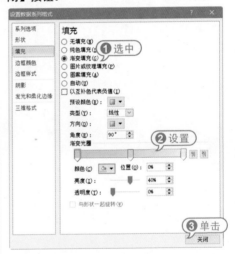

05 此时选中的几条柱状形状变为设置的渐变色，效果如下图所示。

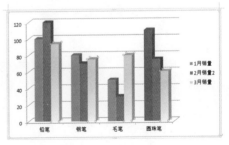

06 选择图表，打开【布局】选项卡，单击【数据标签】按钮，在弹出的下拉菜单中选择【显示】选项，将数据标签显示在图表中，效果如下图所示。

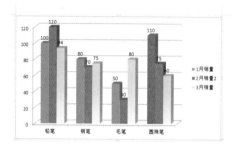

07 双击标签，打开【设置数据标签格式】对话框，在【标签选项】选项卡中选中【类别名称】和【值】复选框，然后单击【关闭】按钮，显示数据标签效果。

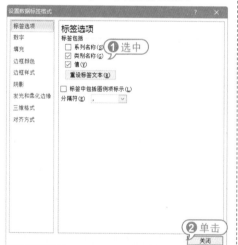

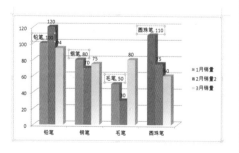

08 选择图表，打开【布局】选项卡，单击【图表标题】按钮，在弹出的下拉菜单中选择【居中覆盖标题】选项，将图表标题显示在图表中。

09 选择图表中的【图表标题】文本框，输入"文具销量"，设置文本为【华文琥珀】、字号为16、【加粗】、字体颜色为【蓝色】。

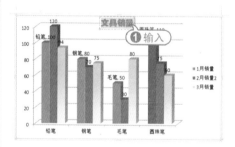

10 选择图表右方的【图例】文本框，打开【格式】选项卡，单击【形状样式】组中的【其他】按钮，选择一种样式。

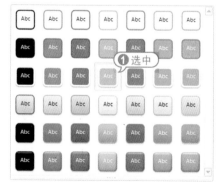

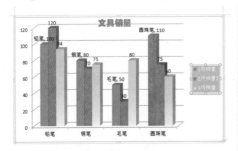

11 双击图表中的背景墙，打开【设置背景墙格式】对话框，选择【填充】选项卡，选中【纯色填充】单选按钮，设置填充颜色为【橙色】，单击【关闭】按钮，显示背景墙颜色。

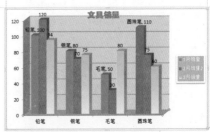

13 双击图表中的图表区，打开【设置图表区格式】对话框，选择【填充】选项卡，选中【渐变填充】单选按钮，设置填充颜色为渐变颜色，单击【关闭】按钮，显示图表区颜色，最后图表效果如下图所示。

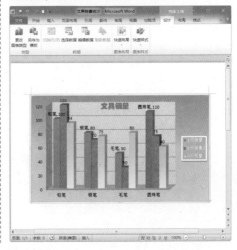

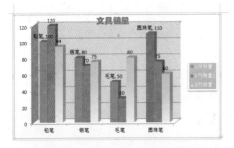

12 双击图表中的基底，打开【设置基底格式】对话框，选择【填充】选项卡，选中【纯色填充】单选按钮，设置填充颜色为【橙色】，单击【关闭】按钮，显示基底颜色。

4.6 进阶实战

本章的进阶实战部分为制作公司考勤表这个综合实例操作，用户通过练习从而巩固本章所学知识。

【例4-13】制作"公司考勤表"文档，在其中插入和编辑表格。

📀视频+素材 (光盘素材\第04章\例4-13)

01 启动Word 2010应用程序，新建一个空白文档，并将其保存为"公司考勤表"。

02 输入标题"公司考勤表"，然后设置其字体为【方正粗活意简体】、字号为【二号】、对齐方式为【居中】。

03 将光标定位在第2行，输入相关文本，如右上图所示。其中下画线可配合【下画

线】按钮 U· 和空格键来完成。

04 选中标题"公司考勤表"，在【开始】选项卡的【段落】组中，单击对话框启动器按钮，打开【段落】对话框。在【段落】对话框中设置段后间距为【0.5行】，设置行距为【最小值】、值为【0磅】，然后单击【确定】按钮。

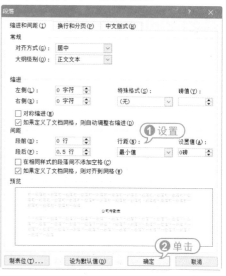

05 继续保持选中标题文本，在【段落】组中单击【边框和底纹】下拉按钮，选择【边框和底纹】命令，打开【边框和底纹】对话框，切换至【底纹】选项卡，在【填充】下拉列表中选择【深蓝，文字2，淡色80%】；在【应用于】下拉列表框中选择【段落】选项，单击【确定】按钮。

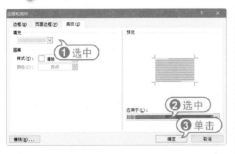

06 此时标题文本的段落效果如下图所示。

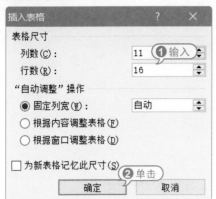

公司考勤表

部门：_____ 考勤员：_____ 主管领导签字：_____

07 将光标定位在第3行，打开【插入】选项卡，在【表格】组中单击【表格】按钮，选择【插入表格】命令。打开【插入表格】对话框，在【列数】微调框中输入11，在【行数】微调框中输入16，单击【确定】按钮。

插入表格

表格尺寸

列数(C)：   11   **1** 输入
行数(R)：   16

"自动调整"操作

◉ 固定列宽(W)：   自动
○ 根据内容调整表格(F)
○ 根据窗口调整表格(D)

□ 为新表格记忆此尺寸(S)   **2** 单击

确定   取消

08 插入一个16×11的表格。打开【表格工具】的【布局】选项卡，在【合并】组中单击【合并单元格】按钮，合并部分单元格，并输入相应文本。

09 选中整个表格，打开【表格工具】的【布局】选项卡，在【对齐方式】组中单击【水平居中】按钮，设置表格中文本的对齐方式。

10 在【开始】选项卡中设置表格内文本的字体格式，并使用鼠标拖动的方法调整表格的行高和列宽。

11 选中"六"和"日"两个单元格，在【开始】选项卡的【段落】组中单击【底纹】下拉按钮，为单元格设置【深红色】底纹。

12 使用上面的操作方法为其他单元格设置底纹颜色，效果如下图所示。

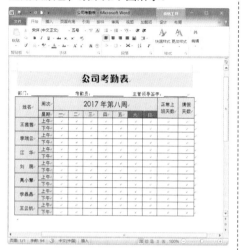

13 选中整个表格，打开【边框和底纹】对话框并切换至【边框】选项卡。在左侧选中【全部】选项，在【颜色】下拉列表中选择【深蓝，文字2，淡色40%】选项，然后单击【确定】按钮。

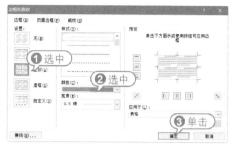

14 整个文档的最终效果如下图所示。

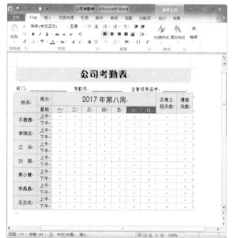

4.7 疑点解答

● 问：如何在Word文档中插入数学公式？

答：要插入公式，可以打开【插入】选项卡，在【符号】组中单击【公式】下拉按钮，在弹出的下拉菜单中选择内置的公式。打开【公式工具】的【设计】选项卡，然后在编辑窗口的【在此处键入公式】文本框中进行公式的编辑操作。在【结构】组中单击【大型运算符】按钮，在打开的列表框中选择【求和】样式，在文本框中插入一个求和符号。使用同样的操作方法，输入下标和分式。

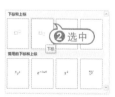

$$\sum_{i=0}^{n} B_{i,n}(t) = \sum_{i=0}^{n} \frac{n!}{i!\,(n-t)}$$

● 问：如何组合多个自选图形？

答：选中第一个图形，按住Ctrl键不放，继续依次选中其他图形，打开【绘图工具】的【格式】选项卡，在【排版】组中单击【组合】按钮，从弹出的菜单中选择【组合】命令，即可组合图形。

● 问：如何在Word 2010中旋转图片？

答：选中插入的图片，打开【图片工具】的【格式】选项卡，在【排列】组中单击【旋转】按钮，从弹出的快捷菜单中选择【其他旋转选项】命令，打开【布局】对话框。在【大小】选项卡的【旋转】选项区域的【旋转】微调框中输入要翻转的图片角度，这里输入60°，单击【确定】按钮，完成设置，此时图片将沿顺时针方向旋转60度。

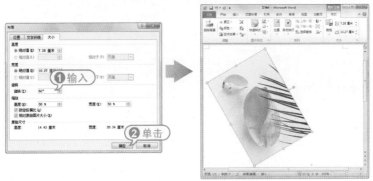

● 问：如何提取文档中的图片？

答：在Word文档中用鼠标右击需要保存的图片，从弹出的快捷菜单中选择【另存为图片】命令，打开【另存为】对话框。选择保存路径和文件名，单击【保存】按钮即可，然后在保存的文件夹内即可找到保存的JPG格式的图片文件。

第5章

Word文档的版面优化

为了提高文档的编辑效率，创建具有特殊版式的文档，Word 2010提供了许多便捷的操作方式及管理工具来优化文档的格式编排。例如，使用模板和样式、使用特殊格式排版、在文档中插入目录和批注等。

对应光盘视频

例5-1 文字竖排
例5-2 首字下沉
例5-3 设置分栏
例5-4 使用大纲视图
例5-5 插入目录
例5-6 使用书签

例5-7 插入批注
例5-8 添加修订
例5-9 插入封面
例5-10 插入页眉页脚
例5-11 插入页码
本章其他视频文件参见配套光盘

5.1 设置特殊排版

一般报刊、杂志都需要创建带有特殊效果的文档，需要配合使用一些特殊的排版方式。Word 2010提供了多种特殊的排版方式，例如文字竖排、首字下沉、分栏等。

5.1.1 文字竖排

古人写字都是以从右至左、从上至下的方式进行竖排书写，但现代人一般都以从左至右的方式书写文字。使用Word 2010的文字竖排功能，可以轻松输入古代诗词，从而达到复古的效果。

【例5-1】创建"诗词"文档，对输入的文本进行垂直排列。
📀 视频+素材 (光盘素材\第05章\例5-1)

01 启动Word 2010应用程序，新建一个名为"诗词"的文档，然后在其中输入文本内容。

02 选中文本，打开【页面布局】选项卡，在【页面设置】组中单击【文字方向】按钮，从弹出的菜单中选择【垂直】命令。

03 此时即可以从上至下、从右到左的方式排列诗词内容。

知识点滴

此外，还可以在【页面布局】选项卡的【页面设置】组中单击【文字方向】按钮，从弹出的菜单中选择【文字方向选项】命令，打开【文字方向-主文档】对话框，在【方向】选项区域可以设置文字的其他排列方式，如从上至下、从下至上等。

5.1.2 首字下沉

首字下沉是报刊、杂志中较为常用的一种文本修饰方式，使用该方式可以很好地改善文档的外观，使文档更引人注目。设置首字下沉，就是使第一段开头的第一个字放大。放大的程度用户可以自行设定，占据两行或三行的位置，其他字符围绕在其右下方。

在Word 2010中，首字下沉共有两种不同的方式。一种是普通的下沉，另一种是悬挂下沉。两种方式的区别之处在于：【下沉】方式设置的下沉字符紧靠其他的文字；【悬挂】方式设置的字符则可以随意地移动位置。

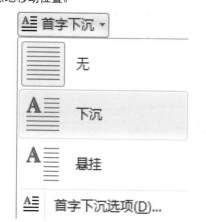

选择【首字下沉选项】命令，将打开【首字下沉】对话框，在其中进行相关的首字下沉设置。

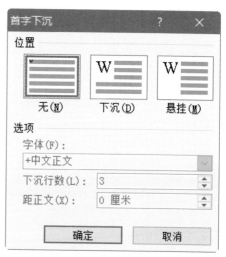

【例5-2】创建"元宵灯会"文档，将正文第1段中的首字设置为首字下沉3行，距正文0.5厘米。

📀 视频+素材 (光盘素材\第05章\例5-2)

01 启动Word 2010应用程序，新建一个名为"元宵灯会"的文档，然后在其中输入文本内容。

02 将鼠标光标插入正文第1段前，选择【插入】选项卡，在【文本】组中单击【首字下沉】按钮，在弹出的菜单中选择【首字下沉选项】命令。

①选中

03 在打开的【首字下沉】对话框的【位置】选项区域选择【下沉】选项，在【字体】下拉列表框中选择【微软雅黑】选项，在【下沉行数】微调框中输入3，在【距正文】微调框中输入"0.5厘米"，然后单击【确定】按钮。

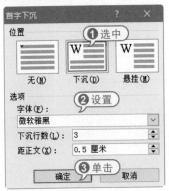

04 此时，将如下图所示显示正文第1段的首字下沉的形式。

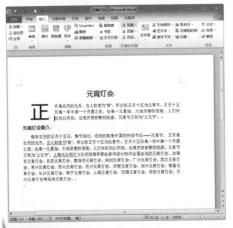

5.1.3 分栏排版

分栏，是指按实际排版需求将文本分成若干个条块，使版面更为美观。在阅读报刊、杂志时，常常会发现许多页面被分成多个栏目。这些栏目有的是等宽的，有的是不等宽的，使得整个页面布局显得错落有致，易于读者阅读。

Word 2010具有分栏功能，用户可以把每一栏都视为一节，这样就可以对每一栏文本内容单独进行格式化和版面设计。

要为文档设置分栏，打开【页面布局】选项卡，在【页面设置】组中单击【分栏】按钮，在弹出的菜单中选择分栏选项。

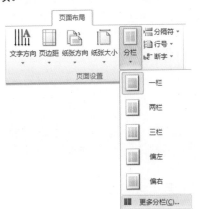

在弹出的菜单中选择【更多分栏】命令，打开【分栏】对话框，在其中进行相关分栏设置，如栏数、宽度、间距和分隔线等。

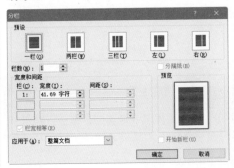

【例5-3】在"元宵灯会"文档中，设置分栏显示文本。

🔵 视频+素材 (光盘素材\第05章\例5-3)

01 启动Word 2010应用程序，打开"元宵灯会"文档，选中文档中的一段文本。

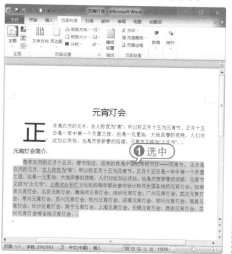

02 选择【页面布局】选项卡，在【页面设置】组中单击【分栏】按钮，在弹出的快捷菜单中选择【更多分栏】命令。在打开的【分栏】对话框中选择【三栏】选项，选中【栏宽相等】复选框和【分隔线】复选框，然后单击【确定】按钮。

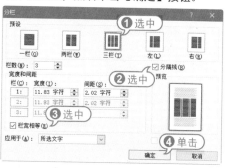

03 此时选中的文本段落将以三栏的形式显示。

04 在快速访问工具栏中单击【保存】按钮 🖫，保存"元宵灯会"文档。

5.2 长文档办公版面设计

Word 2010本身提供一些处理长文档功能和特性的编辑工具。例如，使用大纲视图方式查看和组织文档，使用书签定位文档，使用目录提示长文档的纲要等功能。

5.2.1 使用大纲

Word 2010的"大纲视图"功能就是专门用于制作提纲的，其以缩进文档标题的形式代表在文档结构中的级别。

打开【视图】选项卡，在【文档视图】组中单击【大纲视图】按钮，或单击窗口状态栏上的【大纲视图】按钮 ，切换到大纲视图模式，此时【大纲】选项卡随

即出现在窗口中。

在【大纲】工具组的【显示级别】下拉列表框中选择显示级别；将鼠标光标定位在要展开或折叠的标题中，单击【展开】按钮 ➕ 或【折叠】按钮 ➖，可以扩展或折叠大纲标题。

【例5-4】将"公司管理制度"文档切换到大纲视图以查看结构和内容。

⊙视频+素材 (光盘素材\第05章\例5-4)

01 启动Word 2010应用程序，打开"公司管理制度"文档。

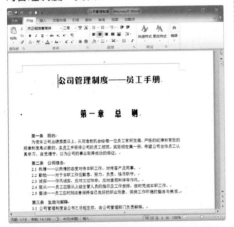

02 打开【视图】选项卡，在【文档视图】组中单击【大纲视图】按钮，或单击窗口状态栏上的【大纲视图】按钮，切换至大纲视图。

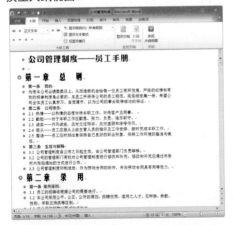

03 在【大纲】选项卡的【大纲工具】组中，单击【显示级别】下拉按钮，在弹出的下拉列表框中选择【2级】选项，此时标题2以后的标题或正文文本都将被折叠。

① 选中

知识点滴

在大纲视图中，文本前有符号 ➕，表示在该文本后有正文体或级别更低的标题；文本前有符号 ●，表示该文本后没有正文体或级别更低的标题。

04 将鼠标光标移至标题3前的符号 ➕ 处双击，即可展开其后的下属文本内容。

05 在【大纲工具】组的【显示级别】下拉列表框中选择【所有级别】选项，此时将显示所有的文档内容。

① 选中

06 将鼠标光标移动到文本"第一章 总则"前的符号 ⊕ 处，双击鼠标，该标题下的文本被折叠。

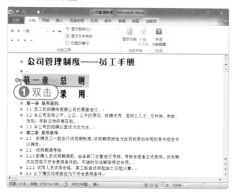

07 在【大纲】选项卡的【关闭】组中，单击【关闭大纲视图】按钮，即可退出大纲视图。

5.2.2 制作目录

目录与一篇文章的纲要类似，通过其可以了解全文的结构和整个文档所要展现的内容。在Word 2010中，可以为编辑和排版完成的稿件制作出美观的目录。

Word 2010有自动提取目录的功能，用户可以很方便地为文档创建目录。

【例5-5】在"公司管理制度"文档中插入目录。

📀视频+素材 (光盘素材\第05章\例5-5)

01 启动Word 2010应用程序，打开"公司管理制度"文档。

02 将插入点定位在文档的开始处，按Enter键换行，在其中输入文本"目录"。

03 按Enter键，继续换行。打开【引用】选项卡，在【目录】组中单击【目录】按钮，从弹出的菜单中选择【插入目录】命令。

04 打开【目录】对话框的【目录】选项卡，在【显示级别】微调框中输入2，单击【确定】按钮。

05 此时即可在文档中插入二级标题的目录。

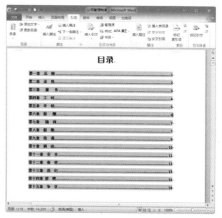

知识点滴

插入目录后，只需按Ctrl键，再单击目录中的某个页码，就可以将插入点快速跳转到该页的标题处。

06 选取整个目录，打开【开始】选项卡，在【字体】组的【字体】下拉列表框中选择【黑体】选项，在【字号】下拉列表框中选择【四号】选项，在【段落】组中单击【居中】按钮，设置文本居中显示，此时效果如下图所示。

07 单击【段落】组的对话框启动器，打开【段落】对话框的【缩进和间距】选项卡，在【间距】选项区域的【行距】下拉列表中选择【1.5倍行距】选项，单击【确定】按钮。

08 此时目录将以1.5倍行距显示。

5.2.3 使用书签

添加书签是指对文本加以标识和命名，用于帮助用户记录文字位置，从而使用户能快速地找到目标位置。

在Word 2010中，书签与实际生活中提到的书签的作用相同，用于命名文档中指定的点或区域，以识别章、表格的开始处。插入书签后，用户可以使用书签定位功能来快速定位到目标位置。

【例5-6】在"公司管理制度"文档中，添加书签并定位书签。

视频+素材 (光盘素材\第05章\例5-6)

01 启动Word 2010应用程序，打开"公司管理制度"文档。

02 将插入点定位到标题"第一章 总则"之前，打开【插入】选项卡，在【链接】组中单击【书签】按钮。

03 打开【书签】对话框，在【书签名】文本框中输入书签的名称"总则"，单击【添加】按钮，将该书签添加到书签列表框中。

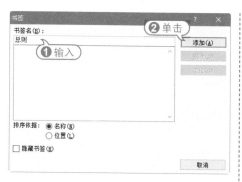

04 单击【文件】按钮，在弹出的菜单中选择【选项】命令。

05 打开【Word选项】对话框，在左侧的列表框中选择【高级】选项，在打开的对话框的右侧列表的【显示文档内容】选项区域选中【显示书签】复选框，然后单击【确定】按钮。

06 此时书签标记 I 将显示在标题"第一章 总则"之前。

07 打开【开始】选项卡，在【编辑】选组中，单击【查找】下拉按钮，在弹出的菜单中选择【转到】命令，打开【查找与替换】对话框。打开【定位】选项卡，在【定位目标】列表框中选择【书签】选项，在【请输入书签名称】下拉列表框中选择所需要查找的书签名称，单击【定位】按钮，此时自动定位到书签位置。

5.2.4 插入批注

批注是指审阅者给文档内容加上的注解或说明，或是阐述批注者的观点。批注是附加到文档中的内容，在上级审批文件、老师批改作业时非常有用。

在文档中添加批注时，将会显示一个批注框，每个批注名称都是Word用户名的缩写开头，后面跟一个批注号，然后在批注号后面输入内容即可。批注不会影响文档的格式，也不会被打印出来。

【例5-7】在"公司管理制度"文档中插入批注并进行编辑。
视频+素材 (光盘素材\第05章\例5-7)

01 启动Word 2010应用程序，打开"公司管理制度"文档。

02 选中第四章中的文本"《劳动法》",打开【审阅】选项卡,在【批注】组中单击【新建批注】按钮,系统将自动出现一个红色的批注框。

择【修订选项】命令,打开【修订选项】对话框。

03 在批注框中,输入该批注的正文,这里输入文字。

06 在【标记】选项区域的【批注】下拉列表框中选择【鲜绿】选项;在【批注框】选项区域的【指定宽度】微调框中输入"5厘米",然后单击【确定】按钮。

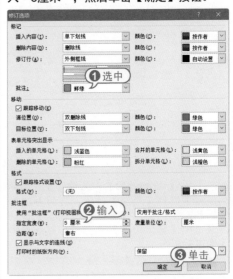

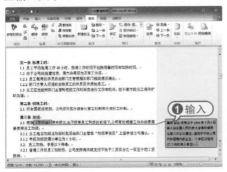

04 选中批注文本,打开【开始】选项卡,在【字体】组中,将字体设置为【楷体】、字号为【小四】。

07 此时所设置的标注格式效果如下图所示。

05 打开【审阅】选项卡,在【修订】组中单击【修订】按钮,在弹出的菜单中选

5.2.5 添加修订

在审阅文档时，发现某些多余的内容或遗漏内容时，如果直接在文档中删除或修改，将不能看到原文档和修改后文档的对比情况。使用Word 2010的修订功能，可以将用户修改的每项操作以不同的颜色标识出来，方便作者进行对比和查看。

【例5-8】在"公司管理制度"文档中添加修订。

视频+素材 (光盘素材\第05章\例5-8)

01 启动Word 2010应用程序，打开"公司管理制度"文档。

02 打开【审阅】选项卡，在【修订】组中，单击【修订】按钮，进入修订状态。

03 将插入点定位在目标文本处，然后输入文本，所输入文本的下方将显示红色下画线，此时添加的文本也以红色字体显示。

04 选中第二章要删除的文本，按Delete键，此时文本将以红色字体显示，并自动在字体中添加删除线。

05 当所有的修订工作完成后，再次单击【修订】组中的【修订】按钮，即可退出修订状态。

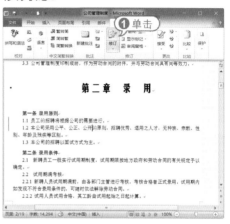

06 在长文档中添加了批注和修订后，为了方便查看与修改，可以使用审阅窗格浏览文档中的修订内容。打开【审阅】选项卡，在【修订】组中，单击【审阅窗格】按钮，打开审阅窗格，在【更改】组中单击【接受】按钮，将接受修订；单击【拒绝】按钮，将拒绝修订。

5.3 设置页面元素

在书籍、手册等长文档中，还需要对其他页面元素进行设置，如插入封面、插入页码、设置页眉和页脚等，以使文档更加完善。

5.3.1 插入封面

通常情况下，在书籍的章首页，需要创建独特的页眉和页脚。Word 2010提供了插入封面功能，用于说明文档的主要内容和特点。

【例5-9】在"公司管理制度"文档中，插入封面。

视频+素材 (光盘素材\第05章\例5-9)

01 启动Word 2010应用程序，打开"公司管理制度"文档。

02 打开【插入】选项卡，在【页】组中单击【封面】按钮，在弹出的列表框中选择【危险性】选项，此时即可在文档中插入基于该样式的封面。

03 在封面页的占位符中根据提示修改或添加文字。

04 在快速访问工具栏中单击【保存】按钮，保存文档。

5.3.2 插入页眉和页脚

书籍中奇偶页的页眉和页脚通常是不同的。在Word 2010中，可以为文档中的奇偶页设计不同的页眉和页脚。

【例5-10】在"公司管理制度"文档中，插入页眉和页脚。

视频+素材 (光盘素材\第05章\例5-10)

01 启动Word 2010应用程序，打开"公司管理制度"文档。

02 打开【插入】选项卡，在【页眉和页脚】组中单击【页眉】按钮，选择【编辑页眉】命令，进入页眉和页脚编辑状态。

03 打开【页眉和页脚】工具的【设计】选项卡，在【选项】组中选中【首页不同】和【奇偶页不同】复选框。

04 在奇数页页眉区域选中段落标记符，打开【开始】选项卡，在【段落】组中单击【边框】按钮，在弹出的菜单中选择【无框线】命令，隐藏奇数页页眉的边框线。

05 将光标定位在段落标记符上，输入文字"员工手册"，设置文字字体为【华文琥珀】、字号为【小三】、字体颜色为【绿色】、文本右对齐显示。

06 打开【插入】选项卡，在【插图】组中，单击【形状】按钮，从弹出的【线条】列表中选择【直线】选项，然后在页眉位置拖动鼠标绘制一条直线。

07 打开【绘图工具】的【格式】选项卡，在【形状样式】组中单击【其他】按钮，从弹出的列表框中选择一种线型样式，为页眉处的直线应用该样式。

08 使用同样的操作方法，设置偶数页的页眉。

09 在奇数页中,在【插入】选项卡中,选择【页脚】|【奥斯汀】选项。

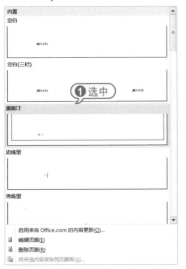

10 使用同样的操作方法,在偶数页中插入【奥斯汀】页脚。

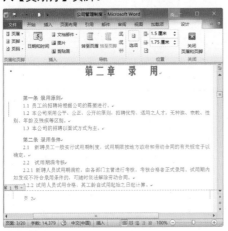

11 打开【页眉和页脚】工具的【设计】选项卡,在【关闭】组中单击【关闭页眉和页脚】按钮,完成奇偶页页眉和页脚的设置。

5.3.3 插入页码

页码就是给文档每页所编的号码,以便于读者阅读和查找。页码一般添加在页眉或页脚中,也可以添加到其他地方。

【例5-11】在"公司管理制度"文档中,插入页码。

视频+素材 (光盘素材\第05章\例5-11)

01 启动Word 2010应用程序,打开"公司管理制度"文档。

02 将插入点定位在奇数页中。打开【插入】选项卡,在【页眉和页脚】组中,单击【页码】按钮,在弹出的菜单中选择【页面底端】命令,在【带有多种形状】类别框中选择【圆角矩形3】选项,即可在奇数页插入【圆角矩形3】样式的页码。

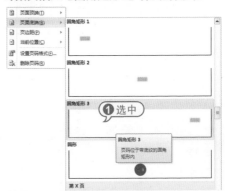

03 将插入点定位在偶数页,使用同样的操作方法,在页面底端插入【圆角矩形3】样式的页码。

04 打开【页眉和页脚工具】的【设计】选项卡,在【页眉和页脚】组中单击【页码】按钮,从弹出的菜单中选择【设置页码格式】命令,打开【页码格式】对话框。在【编号样式】下拉列表框中选择【-1-,-2-,-3-,…】选项,单击【确定】按钮。

05 依次选中奇偶数页码中的数字,设置其字体颜色为【白色,背景1】。

06 打开【页眉和页脚】工具的【设计】选项卡,在【关闭】组中单击【关闭页眉和页脚】按钮,退出页码编辑状态。

5.3.4 设置页面背景

Word 2010提供了70多种内置颜色,可以选择这些颜色作为文档背景,也可以自定义其他颜色作为背景。

要为文档设置背景颜色,可以打开【页面布局】选项卡,在【页面背景】组中,单击【页面颜色】按钮,将打开【页面颜色】子菜单。在【主题颜色】和【标准色】选项区域,单击其中的任何一个色块,就可以把所选择的颜色作为背景。

如果对系统提供的颜色不满意,可以选择【其他颜色】命令,打开【颜色】对话框,在【标准】选项卡中,选择六边形中的任意色块,即可将选中的颜色作为文档的页面背景。

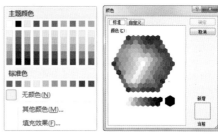

另外,打开【自定义】选项卡,可以拖动鼠标光标,在【颜色】选项区域选择所需的背景色,或者在【颜色模式】选项区域通过设置颜色的具体数值来精确选择所需的颜色。

使用一种颜色(即纯色)作为背景色，对于一些Web页面而言，显示过于单调乏味。Word 2010还提供了其他多种丰富的文档背景填充效果，例如渐变背景效果、纹理背景效果、图案背景效果及图片背景效果等。

要设置背景填充效果，可以打开【页面布局】选项卡，在【页面背景】组中单击【页面颜色】按钮，在弹出的菜单中选择【填充效果】命令，打开【填充效果】对话框，其中包括4个选项卡。

🔵 【渐变】选项卡：可以通过选中【单色】或【双色】单选按钮来创建不同类型的渐变效果，在【底纹样式】选项区域选择渐变的样式。

🔵 【纹理】选项卡：可以在【纹理】选项区域选择一种纹理作为文档页面的背景，单击【其他纹理】按钮，可以添加自定义的纹理作为文档的页面背景。

 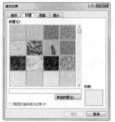

🔵 【图案】选项卡：可以在【图案】选项区域选择一种基准图案，并在【前景】和【背景】下拉列表框中选择图案的前景和背景颜色。

🔵 【图片】选项卡：单击【选择图片】按钮，从打开的【选择图片】对话框中选择一张图片作为文档的背景。

【例5-12】在"公司管理制度"文档中，设置图案填充背景。

🔘 视频+素材 (光盘素材\第05章\例5-12)

01 启动Word 2010应用程序，打开"公司管理制度"文档。

02 打开【页面布局】选项卡，在【页面背景】组中单击【页面颜色】按钮，从弹出的快捷菜单中选择【填充效果】命令，打开【填充效果】对话框。

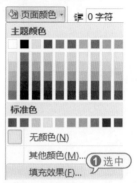

03 打开【图案】选项卡，在【前景色】下拉面板中选择【橙色，强调文字颜色6，淡色80%】色块，在【背景】下拉面板中选择【白色，背景1】色块；在【图案】列表框中选择【宽上对角线】样式，单击【确定】按钮。

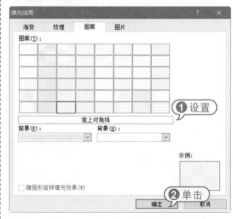

04 此时即可为文档设置图案背景填充效果。

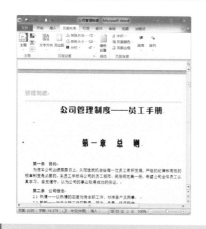

知识点滴

在Word 2010中，还可以从水印文本库中插入内置的水印样式，也可以插入一个自定义的水印。打开【页面布局】选项卡，在【页面背景】组中单击【水印】按钮，在弹出的水印样式列表框中可以选择内置的水印。若选择【自定义水印】命令，打开【水印】对话框，在其中可以自定义水印样式。

5.4 使用模板和样式

在Word 2010中，使用模板可以统一文档的风格。在排版中使用样式可以快速提高工作效率，从而迅速改变和美化文档的外观。

5.4.1 创建模板

模板是一种带有特定格式的扩展名为.dotx的文档，其包括特定的字体格式、段落样式、页面设置、快捷键方案、宏等格式。Word 2010提供了多种具有统一规格、统一框架的文档模板。

为了使文档更为美观，用户可创建自定义模板并应用于文档中。要创建新的模板，可以通过根据现有文档和根据现有模板两种创建方法来实现。

1 根据现有文档创建模板

根据现有文档创建模板，是指打开一个已有的与需要创建的模板格式相近的Word文档，在对其进行编辑修改后，将其另存为一个模板文件。通俗地讲，当需要用到的文档设置包含在现有的文档中时，就可以以该文档为基础来创建模板。

首先打开一个文档，单击【文件】按钮，从弹出的【文件】菜单中选择【另存为】命令，打开【另存为】对话框。选择模板的存放路径，在【文件名称】文本框中输入模板名称，在【保存类型】下拉列表框中选择【Word模板】选项，单击【保存】按钮。

此时，"奖状"文档将以模板形式保存在【我的模板】中。单击【文件】按钮，从弹出的菜单中选择【新建】命令，然后在【可用模板】列表框中选择【我的模板】选项，打开【新建】对话框，在其中将显示新模板。

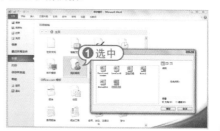

2 根据现有模板创建模板

根据现有模板创建模板是指根据一个已有模板新建一个模板文件，在对其进行相应的修改后，将其保存。Word 2010内置模板的自动图文集词条、字体、快捷键自定义方案、宏、菜单、页面设置、特殊格式和样式设置虽然基本符合要求，但还需要进行一些修改，此时就可以以现有模板为基础来创建新模板。

首先单击【文件】按钮，在弹出的菜单中选择【新建】命令，然后在【可用模板】列表框中选择【我的模板】选项。打开【新建】对话框，在【个人模板】列表框中选择一个模板选项，保持选中【文档】单选按钮，单击【确定】按钮。

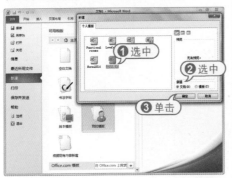

此时，自动打开以模板创建的文档，然后在其中输入相应的文本内容进行修改。然后单击【文件】按钮，从弹出的菜单中选择【保存】命令，打开【另存为】对话框，选择模板的存放路径，在【文件名称】文本框中输入模板名称，在【保存类型】下拉列表框中选择【Word模板】选项，单击【保存】按钮即可。

5.4.2 应用样式

样式是应用于文档中的文本、表格和列表的一套格式特征。它是Word针对文档中一组格式进行的定义，这些格式包括字体、字号、字形、段落间距、行间距以及缩进量等内容，其作用是方便用户对重复的格式进行快速设置。

在Word 2010中，当应用样式时，可以在一个简单的任务中应用一组格式。一般来说，可以创建或应用以下类型的样式：

● 段落样式：控制段落外观的所有方面，如文本对齐、制表符、行间距和边框等，也可以包括字符格式。

● 字符样式：控制段落内选定文字的外观，诸如文字的字体、字号等格式。

● 表格样式：为表格的边框、阴影、对齐方式和字体提供一致的外观。

● 列表样式：为列表应用相似的对齐方式、编号、项目符号或字体。

每个文档都基于一个特定的模板，每个模板中都会自带一些样式，又称为内置样式。如果需要应用的格式组合和某内置样式的定义相符，就可以直接应用该样式而不用新建文档样式。如果内置样式中有部分样式定义和需要应用的样式不相符，还可以自定义该样式。

Word 2010自带的样式库中，内置了多种样式，可以将为文档中的文本设置标题、字体和背景等样式。使用这些样式可以快速地美化文档。

在Word 2010中，选择要应用某种内置样式的文本，打开【开始】选项卡，在【样式】组中进行相关设置。

在Word 2010中，选择要应用某种内置样式的文本，打开【开始】选项卡，在【样式】组中进行相关设置。

在【样式】组中单击对话框启动器

，将会打开【样式】任务窗格，在【样式】列表框中可以选择所需的样式。

如果某些内置样式无法完全满足某组格式设置的要求，可以在内置样式的基础上进行修改。这时在【样式】任务窗格中，单击样式选项的下拉列表框旁的箭头按钮，在弹出的菜单中选择【修改】命令即可。

在打开的【修改样式】对话框中更改相应的选项即可。

5.4.3 新建样式

如果现有文档的内置样式与所需格式设置相去甚远，创建一个新样式将会更为便捷。在【样式】任务窗格中，单击【新样式】按钮，打开【新建样式】对话框。

在【名称】文本框中输入要新建的样式的名称；在【样式类型】下拉列表框中选择【段落】选项；在【样式基准】下拉列表框中选择该样式的基准样式(所谓基准样式，就是最基本或原始的样式，文档中的其他样式都以此为基础)；单击【格式】按钮，可以为字符或段落设置格式。

【例5-13】在"钢琴启蒙课程介绍"文档中，添加备注文本，并创建【备注】样式，将其应用到文档中。
视频+素材 (光盘素材\第05章\例5-13)

01 启动Word 2010应用程序，打开"钢琴启蒙课程介绍"文档。将插入点定位在文档末尾，按Enter键，换行，输入备注文本。

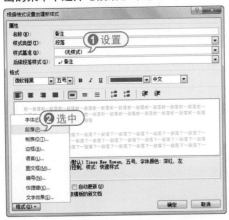

02 在【开始】选项卡的【样式】组中，单击【样式】组中的对话框启动器，打开【样式】任务窗格，单击【新建样式】按钮。

03 打开【根据格式设置创建新样式】对话框，在【名称】文本框中输入"备注"；在【样式基准】下拉列表框中选择【无样式】选项；在【格式】选项区域的【字体】下拉列表框中选择【微软雅黑】选项；在【字体颜色】下拉列表框中选择【深红】色块，单击【格式】按钮，在弹出的菜单中选择【段落】命令。

04 打开【段落】对话框的【缩进和间距】选项卡，设置【对齐方式】为【右对

齐】，【段前】间距设为【0.5行】，单击【确定】按钮，完成设置。

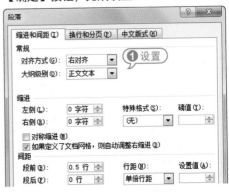

05 备注文本将自动应用"备注"样式，并在【样式】窗格中显示新样式，如下图所示。

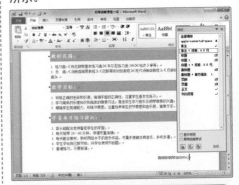

知识点滴

在Word 2010中，可以在【样式】任务窗格中删除样式，但无法删除模板的内置样式。删除样式时，在【样式】任务窗格中，单击需要删除的样式旁的箭头按钮，在弹出的菜单中选择【删除】命令，打开【确认删除】对话框。单击【是】按钮，即可删除该样式。

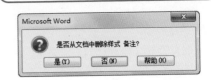

5.5 设置打印文档

完成文档的制作后，必须先对其进行打印预览，按照用户的不同需求进行修改和调整，然后对打印文档的页面范围、打印份数和纸张大小等参数进行设置，最后将文档打印出来。

5.5.1 预览文档

在打印文档之前，如果想预览打印效果，可以使用打印预览功能，利用该功能查看文档效果，以便及时纠正错误。

在Word 2010窗口中，单击【文件】按钮，从弹出的菜单中选择【打印】命令，在右侧的预览窗格中可以预览打印效果。

如果看不清楚预览的文档，可以多次单击预览窗格下方的缩放比例工具右侧的 ⊕ 按钮，将文档放大至合适的缩放比例进行查看。多次单击 ⊖ 按钮，可以将文档缩小至合适大小，以多页方式查看文档效果。单击【缩放到页面】按钮 🔲，可以将文档自动调节到当前窗格合适的大小以方便显示内容。

另外，拖动滑块同样可以对文档的显示比例进行调整。

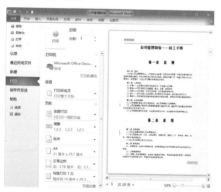

5.5.2 打印设置

如果一台打印机与电脑已正常连接，并且安装了所需的驱动程序，就可以在Word 2010中将所需的文档直接打印输出。

在Word 2010文档中，单击【文件】按钮，在弹出的菜单中选择【打印】命令，打开Microsoft Office Backstage视图，在其中的【打印】窗格中可以设置打印份数、打印机属性、打印页数和双页打印等内容。

【例5-14】设置"公司管理制度"文档的打印份数与打印范围，然后打印该文档。
🎬 视频 ▶

01 启动Word 2010应用程序，打开"公司管理制度"文档。

02 打开【审阅】选项卡，在【修订】组中单击【显示标记】按钮，从弹出的菜单中取消选中【批注】复选框，即可隐藏文档中的批注。

03 单击【文件】按钮，选择【打印】命令，在右侧的预览窗格中单击【下一页】按钮 ▶，预览打印效果。

04 在【打印】窗格的【份数】微调框中输入5；在【打印机】列表框中自动显示默认的打印机。

05 在【设置】选项区域的【打印所有页】下拉列表框中选择【打印自定义范围】选项，在其下的【页数】文本框中输入打印范围。

知识点滴

在输入打印页面的页码时，每个页码之间用，分隔，还可以使用-符号表示某个范围的页面。如果输入3-表示从第3页开始打印到文档尾页。

06 单击【单页打印】下拉按钮，从弹出的下拉菜单中选择【手动双面打印】选项。

07 在【调整】下拉菜单中可以设置逐份打印，如果选择【取消排序】选项，则表示多份一起打印，这里保持默认设置，即选择【调整】选项。

08 设置完打印参数后，单击【打印】按钮，即可开始打印文档。

知识点滴

手动双面打印时，打印机会先打印奇数页，将所有奇数页打印完成后，弹出提示对话框，提示用户手动换纸，将打印的文稿重新放入到打印机纸盒中，单击对话框中的【确定】按钮，打印偶数页。

5.6 进阶实战

本章的进阶实战部分为编排长文档这个综合实例操作，用户通过练习从而巩固本章所学知识。

【例5-15】 编排"人事管理制度"文档。
视频+素材 (光盘素材\第05章\例5-15)

01 启动Word 2010应用程序，打开"人事管理制度"文档。

02 打开【视图】选项卡，在【文档视图】组中单击【大纲视图】按钮，切换至大纲视图模式以查看文档的结构层次。

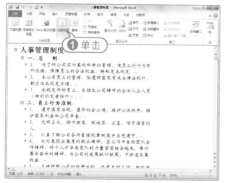

03 双击标题"人事管理制度"前的 ⊕ 按钮，将折叠所有的文本内容。

04 在【大纲】选项卡的【大纲工具】组中单击【显示级别】下拉按钮，从弹出的下拉菜单中选择【2级】选项，此时文档的二级标题将显示出来，以方便用户查看文档的整体结构。

05 在【关闭】组中单击【关闭大纲视图】

按钮，关闭大纲视图，返回页面视图。

06 将插入点定位在"人事管理制度"的下一行，打开【引用】选项卡，在【目录】组中单击【目录】下拉按钮，从弹出的目录样式列表框中选择【自动目录1】选项。

07 此时可在文档中套用该目录格式，并自动产生目录。

08 选取标题"三、招聘与录用"下面的文本"《人员增补申请表》"，打开【审阅】选项卡，在【批注】组中单击【新建批注】按钮，Word会自动添加批注框。

09 在批注框中输入批注文本，效果如下图所示。

10 使用同样的操作方法，添加其他的批注框。

11 打开【审阅】选项卡，在【修订】组中单击【修订】按钮，根据文档内容修订文档中的错误。

5.7 疑点解答

● 问：在Word 2010文档中，如何使用脚注和尾注？

答：脚注和尾注是对文本的补充说明，或是对文档中引用信息的注释。打开【引用】选项卡，在【脚注】组中单击【插入脚注】或【插入尾注】按钮，即可为文档插入脚注或尾注，然后输入脚注或尾注内容。

● 问：如何在Word 2010中显示行号？

答：打开Word 2010文档，打开【页面布局】选项卡，在【页面设置】组中单击【行号】按钮，从弹出的快捷菜单中选择【连续】选项，即可在文档的每行前标出行号。

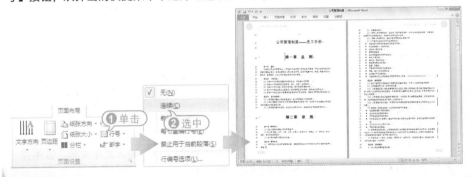

第6章

Excel表格数据初识

Excel 2010是Office软件系列中的电子表格处理软件,它拥有良好的界面、强大的数据计算功能,被广泛地应用于办公领域。本章主要介绍使用Excel 2010制作表格数据的基本操作内容。

对应光盘视频

例6-1 为工作表设置密码
例6-2 输入文本型数据
例6-3 输入数字型数值
例6-4 快速填充数据
例6-5 设置字体和对齐方式
例6-6 设置行高和列宽

例6-7 设置边框和底纹
例6-8 套用表格样式
例6-9 绘制形状
例6-10 插入图片
例6-11 插入文本框
本章其他视频文件参见配套光盘

6.1 Excel 2010的基本对象

Excel 2010的基本对象包括工作簿、工作表与单元格，它们是构成Excel 2010的支架，本节将详细介绍工作簿、工作表、单元格以及它们之间的关系。

6.1.1 工作簿

Excel 2010以工作簿为单元来处理工作数据和存储数据。工作簿文件是Excel存储在磁盘上的最小独立单位，其扩展名为.xlsx。工作簿窗口是Excel打开的工作簿文档窗口，它由多个工作表组成。刚启动Excel 2010时，系统默认打开一个名为【工作簿1】的空白工作簿。

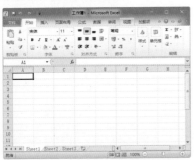

6.1.2 工作表

工作表是Excel中用于存储和处理数据的主要文档，也是工作簿的重要组成部分，又称为电子表格。

工作表是Excel 2010的工作平台，若干个工作表构成一个工作簿。默认情况下，一个工作簿由3个工作表构成，单击不同的工作表标签可以在工作表中进行切换，在使用工作表时，只有一个工作表处于当前活动状态。

6.1.3 单元格

工作表是由单元格组成的，每个单元格都有其独一无二的名称。在Excel中，对单元格的命名主要是通过行号和列标来完成的，其中又分为单个单元格的命名和单元格区域的命名两种。

单个单元格的命名是选取列标＋行号的方法，例如A3单元格指的是处于第A列、第3行的单元格。

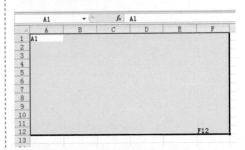

单元格区域的命名规则是，单元格区域中左上角的单元格名称:单元格区域中右下角的单元格名称。例如，在下图中，选定单元格区域的名称为A1:F12。

工作簿、工作表与单元格之间的关系是包含与被包含的关系，即工作表由多个单元格组成，而工作簿又包含一个或多个工作表，其关系如下图所示。

为了能够使用户更加明白工作簿和工作表的含义，可以把工作簿看成一本书，

一本书由若干页组成，同样，一个工作簿也是由许多"页"组成的。在Excel 2010中，工作簿相当于一本"书"，工作表(Sheet)相当于"页"的概念。首次启动Excel 2010时，系统默认的工作簿名称为"工作簿1"，并且显示它的第一个工作表(Sheet1)。

6.2　Excel 2010的基础操作

工作簿是保存Excel文件的基本单位，工作表和单元格包含在工作簿之内。本节将详细介绍工作簿、工作表和单元格的相关基本操作。

6.2.1　工作簿的基础操作

在Excel 2010中，用户的所有操作都是在工作簿中进行的。工作簿的相关基本操作包括新建工作簿、保存工作簿、打开工作簿等。

1　新建工作簿

启动Excel时可以自动创建一个空白工作簿。除了启动Excel新建工作簿外，在编辑过程中可以直接创建空白的工作簿，也可以根据模板来创建带有样式的新工作簿。

● 新建空白工作簿：单击【文件】按钮，在弹出的【文件】菜单中选择【新建】命令。在【可用模板】列表框中选择【空白工作簿】选项，单击【创建】按钮，即可新建一个空白工作簿。

● 通过模板新建工作簿：单击【文件】按钮，在打开的【文件】菜单中选择【新建】命令。在【可用模板】列表框中选择【样本模板】选项，然后在该模板列表框中选择一个Excel模板，在右侧会显示该模板的预览效果。单击【创建】按钮，即可根据所选的模板新建一个工作簿。

2　保存工作簿

完成对工作簿中数据的编辑后，还需要对其进行保存。用户需要养成及时保存Excel工作簿的习惯，以免由于一些突发状况而丢失数据。

在Excel 2010中常用的工作簿保存方法有以下3种：

● 在快速访问工具栏中单击【保存】按钮 。

● 单击【文件】按钮，从弹出的菜单中选

择【保存】命令。

🖐 使用Ctrl+S快捷键。

当Excel工作簿第一次被保存时，会自动打开【另存为】对话框。在该对话框中可以设置工作簿的保存名称、位置以及格式等。

3 打开工作簿

要对已经保存的工作簿进行浏览或编辑操作，首先要在Excel 2010中打开该工作簿。要打开已保存的工作簿，最直接的方法就是双击该工作簿图标，另外用户还可在Excel 2010的主界面中单击【文件】按钮，从弹出的菜单中选择【打开】命令，或者按Ctrl+O快捷键，打开【打开】对话框，选择要打开的工作簿文件，单击【打开】按钮即可。

4 关闭工作簿

在对工作簿中的工作表编辑完成以后，可以将工作簿关闭。在Excel 2010中，关闭工作簿主要有以下几种方法：

🖐 选择【文件】|【关闭】命令。

🖐 单击工作簿窗口右上角的【关闭】按钮 ×。

🖐 按下Ctrl+W组合键。

🖐 按下Ctrl+F4组合键。

如果工作簿经过了修改但还没有保存，那么Excel在关闭工作簿之前会弹出提示框提示是否保存现有的修改。

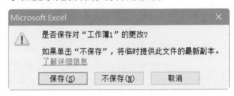

6.2.2 工作表的基础操作

在Excel 2010中，新建一个空白工作簿后，会自动在该工作簿中添加3个空白工作表，并依次命名为Sheet1、Sheet2、Sheet3。

1 选定工作表

由于一个工作簿中往往包含多个工作表，因此操作前需要选定工作表。选定工作表的常用操作包括以下几种：

🖐 选定一张工作表：直接单击该工作表的标签即可，如下图所示为选定Sheet2工作表。

🖐 选定相邻的工作表：首先选定第一张工作表的标签，然后按住Shift键不松并单击其他相邻工作表的标签，即可选中两张工作表之间连续的工作表。如下图所示为同时选定Sheet1与Sheet2工作表。

● 选定不相邻的工作表：首先选定第一张工作表，然后按住Ctrl键不松并单击其他任意一张工作表的标签即可。如下图所示为同时选定Sheet1与Sheet3工作表。

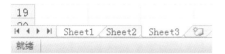

● 选定工作簿中的所有工作表：右击任意一个工作表标签，在弹出的菜单中选择【选定全部工作表】命令即可。

2 插入工作表

如果工作簿中的工作表数量不够，用户可以在工作簿中插入工作表，插入工作表的常用方法有以下3种：

● 单击【插入工作表】按钮：工作表切换标签的右侧有一个【插入工作表】按钮，单击该按钮可以快速新建工作表。

● 使用右键快捷菜单：用鼠标右击当前活动工作表的标签，在弹出的快捷菜单中选择【插入】命令。打开【插入】对话框，在对话框的【常用】选项卡中选择【工作表】选项，然后单击【确定】按钮。

● 选择功能区中的命令：选择【开始】选项卡，在【单元格】选项组中单击【插入】下拉按钮，在弹出的菜单中选择【插入工作表】命令，即可插入工

作表。插入的新工作表位于当前工作表左侧。

3 重命名工作表

在Excel 2010中，工作表的默认名称为Sheet1、Sheet2、Sheet3……。为了便于记忆与使用工作表，可以重新命名工作表。

要改变工作表的名称，只需双击选中的工作表标签，这时工作表标签以反白显示，在其中输入新的名称并按下Enter键即可。

此外还可以先选中需要改名的工作表，打开【开始】选项卡，在【单元格】组中单击【格式】按钮，从弹出的菜单中选择【重命名工作表】命令，或者右击工作表标签，选择【重命名】命令。此时该工作表标签处于可编辑状态，用户输入新的工作表名称即可。

4 在工作簿内移动或复制工作表

在同一工作簿内移动工作表的操作方法非常简单，只需选定要移动的工作表，然后沿工作表标签行拖动选定的工作表标签即可；如果要在当前工作簿中复制工作表，需要在按住Ctrl键的同时拖动工作表，并在目的地释放鼠标，然后松开Ctrl键即可完成复制操作，如下图所示。

如果复制工作表，则新工作表的名称会在原来相应工作表的名称后附加用括号括起来的数字，表示两者是不同的工作表。例如，源工作表名为Sheet1，则第一次复制的工作表名为Sheet1(2)，命名规则依此类推，如下图所示。

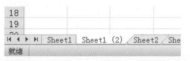

知识点滴

在两个或多个不同的工作簿间移动或复制工作表时，同样可以通过在工作簿内移动或复制工作表的方法来实现，不过这种方法要求源工作簿和目标工作簿同时打开。

5 保护工作表

在Excel 2010中可以为工作表设置密码，防止其他用户私自更改工作表中的部分或全部内容。

【例6-1】为工作表设置密码。 视频

01 启动Excel 2010程序，新建名为"工作簿1"的文档。

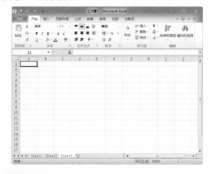

02 选择【审阅】选项卡，在【更改】组中单击【保护工作表】按钮，打开【保护工作表】对话框。

03 选中【保护工作表及锁定的单元格内容】复选框，然后在下面的密码文本框中输入工作表保护密码123，在【允许此工作表的所有用户进行】列表框中选中【选定锁定单元格】与【选定未锁定的单元格】复选框，然后单击【确定】按钮。

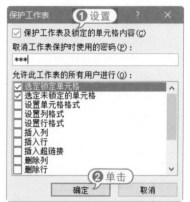

04 打开【确认密码】对话框，在对话框中再次输入密码后，单击【确定】按钮即可完成保护工作表的操作。

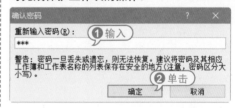

05 工作表被保护后，用户只能查看工作表中的数据和选定单元格，而不能进行任何修改操作。

06 若要撤消工作表保护，选择【审阅】选项卡，在【更改】组中单击【撤消工作表保护】按钮。

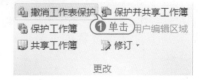

07 打开【撤消工作表保护】对话框，在【密码】文本框中输入密码，然后单击【确定】按钮即可撤消工作表保护。

知识点滴

选择【审阅】选项卡，在【更改】组中单击【保护工作簿】按钮可以为工作簿设置密码。

6.2.3 单元格的基础操作

单元格是工作表的基本单位，在Excel 2010中，绝大多数的操作都是针对单元格来完成的。对单元格的操作主要包括单元格的选定、合并与拆分等。

1 选定单元格

要对单元格进行操作，首先要选定单元格。选定单元格的操作主要包括选定单个单元格、选定连续的单元格区域和选定不连续的单元格区域。

● 要选定单个单元格，只需单击该单元格即可。

● 按住鼠标左键拖动可选定一个连续的单元格区域，如下图所示。

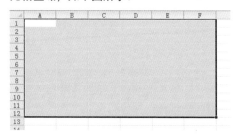

● 按住Ctrl键的同时单击所需的单元格，可选定不连续的单元格或单元格区域。

● 单击工作表中的行号，可选定整行；单

击工作表中的列标，可选定整列；单击工作表左上角行号和列标的交叉处，即全选按钮，可选定整个工作表。

2 合并和拆分单元格

在编辑表格的过程中，有时需要对单元格进行合并或拆分操作。

合并单元格是指将选定的连续的单元格区域合并为一个单元格，而拆分单元格则是合并单元格的逆操作。

要合并单元格，可采用以下两种方法：

第一种操作方法：选定需要合并的单元格区域，单击打开【开始】选项卡，在该选项卡的【对齐方式】选项区域单击【合并后居中】按钮右侧的倒三角按钮，在弹出的下拉菜单中有4个命令，如下图所示。这些命令的含义分别如下：

● 合并后居中：将选定的连续单元格区域合并为一个单元格，并将合并后单元格中的数据居中显示，如下图所示。

● 跨越合并：行与行之间相互合并，而上下单元格之间不参与合并，如下图所示。

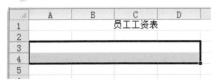

● 合并单元格：将所选的单元格区域合并为一个单元格。

● 取消单元格合并：合并单元格的逆操作，即拆分合并的单元格。

第二种操作方法：选定要合并的单元格区域，在选定区域中右击，在弹出的快捷菜单中选择【设置单元格格式】命令。

打开【设置单元格格式】对话框，在该对话框的【对齐】选项卡的【文本控制】选项区域选中【合并单元格】复选框，单击【确定】按钮后，即可将选定区域的单元格合并。

若要拆分已经合并的单元格，则选定合并的单元格，然后单击【合并后居中】按钮旁的倒三角按钮，在弹出的菜单中选择【取消单元格合并】命令即可。

3 插入和删除单元格

在编辑工作表的过程中，经常需要

进行单元格、行和列的插入或删除等编辑操作。

在工作表中选定要插入行、列或单元格的位置，在【开始】选项卡的【单元格】组中单击【插入】下拉按钮，从弹出的下拉菜单选择相应命令即可插入行、列和单元格。若选择【插入单元格】命令，会打开【插入】对话框。在其中可以设置插入单元格后，移动原有的单元格。

如果工作表的某些数据及其位置不再需要，则可以单击【开始】选项卡的【单元格】组中的【删除】命令按钮，执行删除操作。单击【删除】下拉按钮，从弹出的菜单中选择【删除单元格】命令，会打开【删除】对话框。在其中可以删除单元格，或设置其他位置的单元格移动方式。

4 移动和复制单元格

编辑Excel工作表时，若数据位置摆放错误，必须重新录入，可将其移动到正确的单元格位置；若单元格区域数据与其他区域数据相同，为避免重复输入，可采用复制单元格操作来编辑工作表。

首先选取单元格区域，右击，从弹出的快捷菜单中选择【剪切】或【复制】命令。然后选取目标单元格区域，右击，从弹出的快捷菜单中选择【粘贴】命令，即可产生移动或复制单元格内容的效果。

6.3 输入表格数据

Excel的主要功能是处理数据，在对Excel有了一定的认识并熟悉了单元格的基本操作后，就可以在Excel表格中输入数据。

6.3.1 输入文本型数据

在Excel 2010中，文本型数据通常是指字符或任何数字和字符的组合。输入到单元格内的任何字符集，只要不被系统解释成数字、公式、日期、时间或逻辑值，Excel 2010一律将其视为文本。在Excel 2010中输入文本时，系统默认的对齐方式是左对齐。

在表格中输入文本型数据的方法主要有以下3种：

💧 在数据编辑栏中输入：选定要输入文本型数据的单元格，将鼠标光标移动到数据编辑栏处单击，将插入点定位到编辑栏中，然后输入内容。

💧 在单元格中输入：双击要输入文本型数据的单元格，将插入点定位到该单元格内，然后输入内容

💧 选定单元格输入：选定要输入文本型数据的单元格，直接输入内容即可。

【例6-2】制作一张员工工资表，输入文本型数据。

📀 视频+素材 (光盘素材\第06章\例6-2)

01 启动Excel 2010应用程序，新建一个

名为"员工工资表"的工作簿。

02 合并A1:G2单元格区域，选定该区域，直接输入文本"员工工资汇总统计"，设置文本字体为【隶书】、字号为20、【加粗】、颜色为【橙色，强调文字颜色6】。

03 选定A3单元格，将光标定位在编辑栏中，然后输入"工号"。选定A4单元格，直接输入12001。然后按照上面介绍的两种方法，在其他单元格中输入文本。

04 在快速访问工具栏中单击【保存】按钮█，保存工作簿。

6.3.2 输入数字型数据

在Excel工作表中，数字型数据是最常见、最重要的数据类型，而且Excel 2010强大的数据处理功能、数据库功能以及在企业财务、数学运算等方面的应用几乎都离不开数字型数据。在Excel 2010中，数字型数据包括货币、日期与时间等类型，说明如下表所示。

类 型	说 明
数字	默认情况下的数字型数据都为该类型，用户可以设置其小数点格式与百分号格式等。
货币	该类型的数字型数据会根据用户选择的货币样式自动添加货币符号。
时间	该类型的数字型数据可将单元格中的数字变为【00:00:00】的日期格式。
百分比	该类型的数字型数据可将单元格中的数字变为【00.00%】格式。
分数	该类型的数字型数据可将单元格中的数字变为分数格式，如将0.5变为1/2。
科学计数	该类型的数字型数据可将单元格中的数字变为【1.00E+04】格式。
其他	除了这些常用的数字型数据外，用户还可以根据自己的需要自定义数字数据。

在Excel中输入数字型数据后，数据将自动采用右对齐的方式显示。如果输入的数据长度超过11位，系统会将数据转换成科学记数法的形式显示(如2.16E＋03)。无论显示的数值位数有多少，只保留15位的数值精度，多余的数字将舍掉取零。

另外，还可在单元格中输入特殊类型的数字型数据，如货币、小数等。当将单元格的格式设置为【货币】时，在输入数字后，系统将自动添加货币符号。

【例6-3】 在"员工工资表"工作簿中，输入货币数值。
🎬视频+素材 (光盘素材\第06章\例6-3)

01 启动Excel 2010应用程序，打开"员工工资表"工作簿。

02 在B4:B13单元格区域输入员工姓名，然后选定C4:G13单元格区域。

03 在【开始】选项卡的【数字】选项区域，单击其右下角的【设置单元格格式:数字】按钮█，打开【设置单元格格式】对话框的【数字】选项卡。在左侧的【分类】列表框中选择【货币】选项，然后在右侧的【小数位数】微调框中设置数值为0，【货币符号】选择¥，在【负数】列表框中选择一种负数格式，单击【确定】按钮。

04 此时在C4:G13单元格区域输入数字后，系统会自动将其转换为货币型数据。

知识点滴

Excel还可以使用【符号】对话框输入一些特殊符号。打开【插入】选项卡，在【符号】区域单击【符号】按钮，打开【符号】对话框。该对话框中包含【符号】和【特殊字符】选项卡，每个选项卡下面又包含很多种不同的符号和字符。选择需要的符号，单击【插入】按钮，即可插入该符号。

6.3.3 快速填充数据

当需要在连续的单元格中输入相同或有规律的数据时，可以使用Excel提供的快速填充数据功能来实现。

1 使用控制柄填充相同的数据

选定单元格或单元格区域时会出现一个黑色边框的选区，此时选区右下角会出现一个控制柄，将鼠标光标移动到它的上方时会变成╋形状，通过拖动该控制柄可实现数据的快速填充。

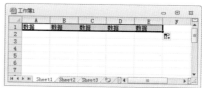

2 使用控制柄填充有规律的数据

有时候需要在表格中输入有规律的数字，例如"星期一、星期二……"，或"一员工编号、二员工编号、三员工编号……"以及天干、地支和年份等数据。此时可以使用Excel特殊类型数据的填充功能进行快速填充。

在起始单元格中输入起始数据，在第二个单元格中输入第二个数据，然后选择这两个单元格，将鼠标光标移动到选区右下角的控制柄上，拖动鼠标左键至所需位置，最后释放鼠标即可根据第一个单元格和第二个单元格中数据的特点自动填充数据。

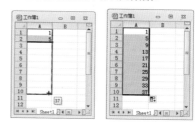

3 使用【序列】对话框

在【开始】选项卡的【编辑】组中单击

【填充】下拉按钮 ，在弹出的菜单中选择【系列】命令，打开【序列】对话框，在其中选中对应的单选按钮，可分别设置填充等差序列、等比序列、日期等特殊数据类型。

【例6-4】在员工工资表中快速填充工号。

视频+素材 (光盘素材\第06章\例6-4)

01 启动Excel 2010应用程序，打开"员工工资表"工作簿。

02 将鼠标光标移至A4单元格右下角的小方块处，当鼠标光标变为 **+** 形状时，按住Ctrl键，同时按住鼠标左键不放，拖动鼠标至A13单元格中。

03 释放鼠标左键，即可在A5:A15单元格区域中填充等差数列。

6.3.4 编辑表格数据

如果在Excel 2010的单元格中输入数据时发生了错误，或者要改变单元格中的数据，则需要对数据进行编辑。

1 更改数据

当单击单元格使其处于活动状态时，单元格中的数据会被自动选取，一旦开始输入，单元格中原来的数据就会被新输入的数据所取代。

如果单元格中包含大量的字符或复杂的公式，而用户只想修改其中的一部分，那么可以按以下两种方法进行编辑：

🔸 双击单元格，或者单击单元格后按F2键，在单元格中进行编辑。

🔸 单击激活单元格，然后单击公式栏，在公式栏中进行编辑。

D2		✕ ✓ fx	单价
A	B	C	D
1 小陶陶瓷新品报价			
2 编号	货号	货品名称	单价

2 删除数据

要删除单元格中的数据，可以先选中该单元格，然后按Delete键即可；要删除多个单元格中的数据，则可同时选定多个单元格，然后按Delete键。

如果想要完全地控制对单元格的删除操作，只使用Delete键是不够的。在【开始】选项卡的【编辑】组中，单击【清除】按钮 ，在弹出的快捷菜单中选择相应的命令，即可删除单元格中的相应内容。

3 移动和复制数据

移动和复制数据基本上与移动和复制单元格的操作一样。此外还可以使用鼠标拖动法来移动或复制单元格内容。要移动单元格内数据，应首先单击要移动的单元格或选定单元格区域，然后将光标移至单元格区域边缘，当光标变为箭头形状后，拖动光标到指定位置并释放鼠标即可。

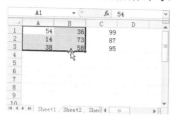

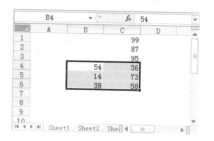

6.4 设置表格格式

在Word 2010中，使用模板可以统一文档的风格，提高工作效率。在排版中使用样式可以快速提高工作效率，从而迅速改变和美化文档的外观。

6.4.1 设置字体和对齐方式

在Excel 2010中，为了使工作表中的某些数据醒目和突出，也为了使整个版面更为丰富，通常需要对不同的单元格设置不同的字体和对齐方式。

【例6-5】在"员工工资表"工作簿中，设置单元格中数据的字体格式和对齐方式。
视频+素材 (光盘素材\第06章\例6-5)

01 启动Excel 2010应用程序，打开"员工工资表"工作簿。

02 选定A3:G3单元格区域，在【字体】组中单击对话框启动器按钮，打开【设置单元格格式】对话框。打开【字体】选项卡，在【字体】列表框中选择【黑体】选项，在【字号】列表框中选项12选项，在【下画线】下拉列表框中选择【会计用单下画线】选项，在【颜色】面板中选择【深蓝，文字2】色块。

03 打开【对齐】选项卡，在【水平对齐】下拉列表中选择【居中】选项，单击【确定】按钮。

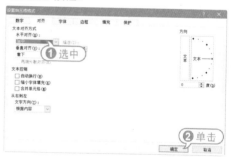

04 完成设置，显示设置后的文本格式。

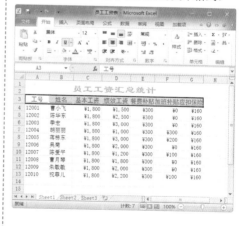

知识点滴

如果要设置较复杂的对齐操作，可以使用【设置单元格格式】对话框的【对齐】选项卡来完成。在【方向】选项区域中，可以精确设置单元格中数据的旋转方向。

6.4.2 设置行高和列宽

在向单元格输入文字或数据时，经常会出现这样的现象：有的单元格中的文字只显示了一半；有的单元格中显示的是一串#符号，而在编辑栏中却能看见对应单元格的文字或数据。出现这些现象的原因在于单元格的宽度或高度不够，不能将其中的文字正确显示。因此，需要对工作表中的单元格高度和宽度进行适当的调整。

1 直接更改行高和列宽

要改变行高和列高，可以直接在工作表中拖动鼠标进行操作。比如要设置行高，用户在工作表中选中单行，将鼠标光标放置在行与行标签之间，出现黑色双向箭头时，按住鼠标左键不放，向上或向下拖动，此时会出现提示框，框内显示当前的行高，调整至所需的行高后松开左键即可完成行高的设置，设置列宽的方法与此操作类似。

2 精确设置行高和列宽

要精确设置行高和列宽，用户可以选定单行或单列，然后选择【开始】选项卡，在【单元格】选项组中，单击【格式】下拉按钮，选择【行高】或【列宽】

命令，打开【行高】或【列宽】对话框，输入精确的数字，最后单击【确定】按钮完成操作。

【例6-6】在"员工工资表"工作簿中，设置行高和列宽。
视频+素材 (光盘素材\第06章\例6-6)

01 启动Excel 2010应用程序，打开"员工工资表"工作簿。

02 选择工作表的B列，在【开始】选项卡的【单元格】组中，单击【格式】下拉按钮，在弹出的菜单中选择【列宽】命令。

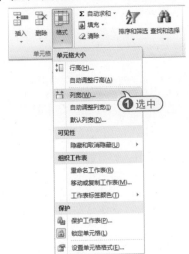

03 打开【列宽】对话框，在【列宽】文本框中输入列宽大小10，单击【确定】按钮。

04 使用同样的方法，设置C、D、E、F、G列的列宽为12。

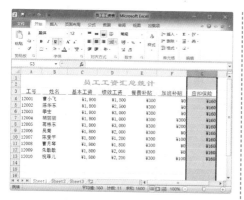

05 在工作表中选择列标题所在的第3行，然后在【单元格】组中单击【格式】下拉按钮，在弹出的菜单中选择【行高】命令。打开【行高】对话框，在【行高】文本框中输入20，单击【确定】按钮。

06 此时完成行高的设置，效果如下图所示。

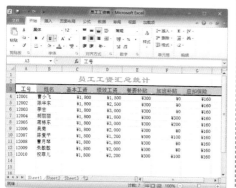

6.4.3 设置边框和底纹

默认情况下，Excel并不为单元格设置边框，工作表中的框线在打印时并不显示出来。用户可以添加边框和底纹，对工作表进行外观设计。

【例6-7】在"员工工资表"工作簿中，设置边框和底纹。

视频+素材 (光盘素材\第06章\例6-7)

01 启动Excel 2010应用程序，打开"员工工资表"工作簿。

02 选定A3:G13单元格区域，打开【开始】选项卡，在【字体】组中单击【边框】下拉按钮 ⊞▾，从弹出的菜单中选择【其他边框】命令，打开【设置单元格格式】对话框。

03 打开【边框】选项卡，在【线条】选项区域的【样式】列表框中选择右列第6行的样式，在【颜色】下拉列表框中选择【水绿，强调文字颜色5】选项，在【预置】选项区域单击【外边框】按钮，为选定的单元格区域设置外边框。在【线条】选项区域的【样式】列表框中选择左列第4行的样式，在【颜色】下拉列表框中选择【橙色，强调文字颜色6，深色25%】选项，在【预置】选项区域单击【内部】按

钮，单击【确定】按钮。

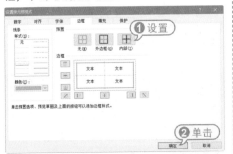

04 此时完成边框的设置，效果如下图所示。

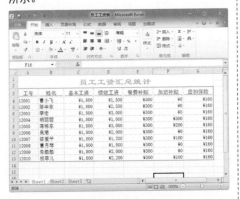

05 选定列标题所在的单元格A3:G3，打开【设置单元格格式】对话框的【填充】选项卡，在【背景色】选项区域选择一种颜色，在【图案颜色】下拉列表中选择【白色】色块，在【图案样式】下拉列表中选择一种图案样式，单击【确定】按钮。

06 此时为列标题所在的单元格应用设置的底纹。

6.4.4 套用内置样式

样式就是字体、字号和缩进等格式设置特性的组合。Excel 2010自带了多种样式，用户可以对单元格或工作表方便地套用这些内置样式。

1 套用单元格样式

首先选中需要设置样式的单元格或单元格区域，在【开始】选项卡的【样式】选项组中单击【单元格样式】按钮，在弹出的【主题单元格样式】菜单中选择一种样式，例如选择【60%-强调文字颜色1】选项，表格中被选中的单元格和单元格区域会自动套用该样式。

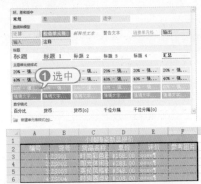

> **知识点滴**
>
> 除了套用内置的单元格样式外，用户还可以创建自定义的单元格样式：在【开始】选项卡的【样式】选项组中单击【单元格样式】按钮，从弹出菜单中选择【新建单元格样式】命令，打开【样式】对话框，创建新样式以供单元格使用。

2 套用表格样式

Excel 2010提供了60种表格样式，用户可以自动套用这些预设的表格样式。

【例6-8】在"员工工资表"工作簿中，套用表格样式。

🎬视频+素材 (光盘素材\第06章\例6-8)

01 启动Excel 2010应用程序，打开"员工工资表"工作簿。

02 打开【开始】选项卡，在【样式】组中单击【套用表格格式】按钮，在弹出菜单的【中等深浅】列表框中选择【表样式中等深浅21】选项。

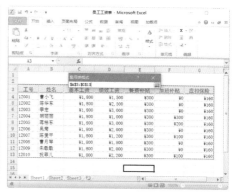

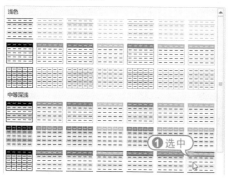

03 打开【创建表】对话框，单击🔲按钮，返回到表格中，选择单元格区域A3:G13。在【套用表格格式】对话框中，单击🔲按钮，返回【创建表】对话框，选中【表包含标题】复选框，单击【确定】按钮。

04 此时即可为单元格区域A3:G13自动套用【表样式中等深浅21】工作表样式。

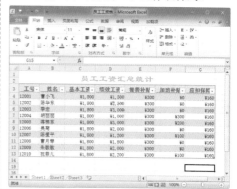

6.5 在表格中添加修饰对象

Excel 2010可以在表格中插入各种对象，如图片、文本框、艺术字、形状等。这样可以突出电子表格中重要的数据，加强视觉效果。

6.5.1 添加形状

利用Excel 2010系统提供的形状，可以绘制出各种图形。在Excel 2010中，打开【插入】选项卡，在【插图】组中单击

【形状】按钮，可以打开【形状】菜单，绘制各种基本图形，如直线、圆形、矩形、正方形、星形等。

【例6-9】创建"招聘申请单"工作簿，绘

制形状并设置格式。

视频+素材 (光盘素材\第06章\例6-9)

01 启动Excel 2010应用程序，创建"招聘申请单"工作簿，并在Sheet1工作表中输入数据，根据需要设置单元格的格式。

进阶技巧

打开【视图】选项卡，在【显示】组中取消选中【网格线】复选框，隐藏工作表中单元格的网格线。

02 打开【插入】选项卡，在【插图】组中单击【形状】按钮，从弹出的【星与旗帜】列表框中选择【五角星】选项。

03 拖动鼠标在工作表的标题位置绘制一个【五角星】形状。使用同样的方法，绘制其他5个【五角星】形状。

04 选中所有的形状，打开【绘图工具】的【格式】选项卡，在【形状样式】组中单击【其他】按钮，从弹出的列表框中选

择一种形状样式。

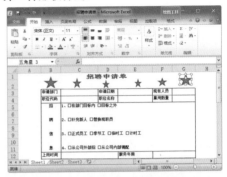

05 在【格式】选项卡的【形状样式】组中单击【形状轮廓】按钮，从弹出的菜单中选择【无轮廓】命令。

06 此时6个五角星自动应用形状样式，最后保存工作簿。

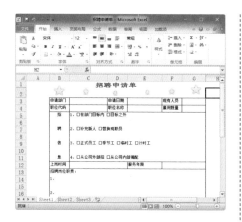

6.5.2 添加图片

在Excel 2010工作表中，可以插入来自本地磁盘的图片，也可以插入应用程序自带的剪贴画。

【例6-10】在"招聘申请单"工作簿中插入图片，并设置图片格式。
🎬视频+素材 (光盘素材\第06章\例6-10)

01 启动Excel 2010应用程序，打开"招聘申请单"工作簿。

02 打开【插入】选项卡，在【插图】组中单击【图片】按钮，打开【插入图片】对话框。选择要插入的图片，然后单击【插入】按钮，即可将图片插入至工作表中。

03 拖动鼠标调节图片的大小和位置。

04 选中图片，打开【图片工具】的【格式】选项卡，在【图片样式】组中单击

【其他】按钮▼，从弹出的列表框中选择【柔化边缘椭圆】样式。

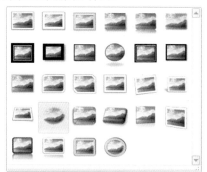

05 此时为图片应用该样式，最后保存文档。

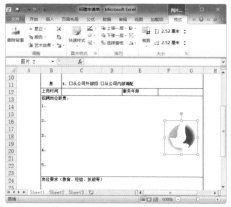

知识点滴

打开【插入】选项卡，在【插图】组中单击【剪贴画】按钮，打开【剪贴画】任务窗格。在【搜索文字】文本框中输入文本，然后单击【搜索】按钮，Excel 2010会自动查找与输入文本相关的剪贴画。

6.5.3 添加文本框

在工作表的单元格中可以添加文本，但由于其位置固定，因而经常不能灵活满足用户的需要。这时可以通过插入文本框来添加文本，从而快速解决该问题。

【例6-11】在"招聘申请单"工作簿中插入文本框，并设置其格式。

🎬 视频+素材 (光盘素材\第06章\例6-11)

01 启动Excel 2010应用程序，打开"招聘申请单"工作簿。

02 打开【插入】选项卡，在【文本】组中单击【文本框】按钮下的倒三角按钮，在弹出的菜单中选择【横排文本框】命令，然后在工作表的合适位置拖动鼠标绘制横排文本框。

03 在文本框中输入文本内容，设置文本字体为【楷体】、字号为10、字体颜色为【深蓝】，拖动鼠标调节文本框的大小和位置。

04 选中文本框，打开【绘图工具】的

【格式】选项卡，在【形状样式】组中单击【形状轮廓】按钮，从弹出的菜单中选择【无轮廓】命令；单击【形状填充】按钮，从弹出的菜单中选择【无填充颜色】命令，设置文本框无轮廓、无填充色效果。

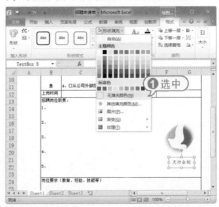

05 在快速访问工具栏中单击【保存】按钮 🔲，保存"招聘申请单"工作簿。

6.5.4 添加艺术字

在Excel 2010中预设了多种样式的艺术字，使用这些艺术字用户可以快速制作一些具有艺术效果的文本。

【例6-12】在"招聘申请单"工作簿中插入艺术字，并设置其格式。

🎬 视频+素材 (光盘素材\第06章\例6-12)

01 启动Excel 2010应用程序，打开"招聘申请单"工作簿。

02 选中B1单元格，按Delete键，删除工作表的标题栏文字"招聘申请单"。

03 打开【插入】选项卡,在【文本】组中单击【艺术字】按钮,在打开的艺术字样式列表中选择一种样式。

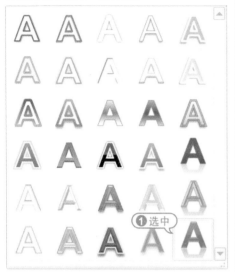

04 此时在工作表中插入一个艺术字占位符。

05 在【请在此放置您的文字】占位符中输入文本"招聘申请单",设置字体为【华文新魏】、字号为20。拖动鼠标调节艺术字的大小,并将其移动至标题位置。

06 选中艺术字,打开【绘图工具】的【格式】选项卡,在【艺术字样式】组中单击【文字效果】按钮,从弹出的菜单中选择【转换】命令,在弹出的子菜单的【跟随路径】选项区域选择【上弯弧】选项。

07 拖动鼠标调节艺术字的位置,使其位于标题单元格区域。

6.6 进阶实战

本章的进阶实战部分为制作考勤表这个综合实例操作，用户通过练习从而巩固本章所学知识。

【例6-13】制作考勤表。

视频+素材 (光盘素材\第06章\例6-13)

---

01 启动Excel 2010，新建一个名为"考勤表"的工作簿，并将自动打开的Sheet1工作表命名为"2017年7月"。

02 选定A1单元格，然后输入文本标题"南京文华传媒考勤记录"，按Enter键，完成输入。

03 使用同样的方法，输入其他数据。

04 选定A1:E1单元格区域，然后在【开始】选项卡的【对齐方式】选项组中单击【合并后居中】按钮，即可合并标题并居中显示。

05 选定标题单元格，在【开始】选项卡的【字体】选项组中，设置字体为【幼圆】、字号为18、字体颜色为标准【橙色】，并设置其为【加粗】模式。

06 选定A2:E2单元格区域，在【开始】选项卡的【样式】选项组中单击【单元格样式】按钮，在弹出的菜单中选择【强调文字颜色6】单元格样式选项。

07 选定A2:E11单元格区域，然后在【开始】选项卡的【数字】选项组中单击对话框启动器按钮，打开【设置单元格格式】对话框。

08 打开【边框】选项卡，在【线条】选项区域的【样式】列表框中选择右列第6行的样式，在【颜色】下拉列表框中选择【橙色，强调文字颜色6，深色50%】选项，在【预置】选项区域单击【外边框】按钮，为选定的单元格区域设置外边框。

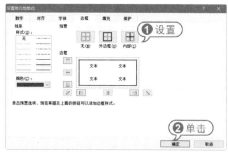

09 在【线条】选项区域的【样式】列表框中选择左列第5行的样式，在【颜色】下拉列表框中选择【橙色，强调文字颜色6，淡色40%】选项，在【预置】选项区域单击【内部】按钮，单击【确定】按钮，完成内部边框的设置。

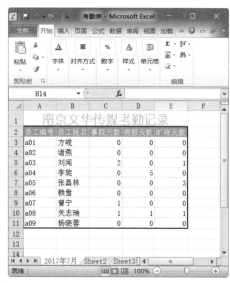

10 在【页面布局】选项卡的【页面设置】选项组中单击【背景】按钮，打开【工作表背景】对话框，选择自定义的一张背景图片，单击【插入】按钮。

保存该工作簿。

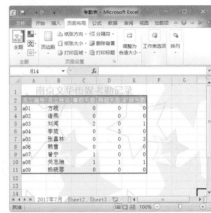

11 此时将显示工作表的背景图案，最后

6.7 疑点解答

● 问：如何隐藏和显示工作簿？

答：工作簿的显示状态有两种：隐藏和非隐藏。对于非隐藏状态下的工作簿，所有用户可以查看这些工作簿中的工作表。处于隐藏状态的工作簿，虽然其中的工作表无法在屏幕上显示出来，但工作簿仍处于打开状态。隐藏工作簿的操作非常简单，只需打开需要隐藏的工作簿，然后在【视图】选项卡的【窗口】选项组中单击【隐藏】按钮即可。在【视图】选项卡的【窗口】选项组中单击【取消隐藏】按钮，打开【取消隐藏】对话框，选择要显示的工作簿，单击【确定】按钮，即可显示工作簿中的所有数据。

第7章

使用函数计算数据

在Excel 2010中，绝大多数数据运算、统计、分析都需要使用公式与函数来得出相应的结果。本章将介绍使用公式与函数计算电子表格数据的方法和内容。

对应光盘视频

7.1 使用公式

在Excel中用户可以运用公式对表格中的数值进行各种运算，让工作变得更加轻松、省心。在灵活使用公式之前，首先要认识公式并掌握输入公式与编辑公式的方法。

7.1.1 公式的组成

在Excel中，公式是对工作表中的数据进行计算和操作的等式。

在输入公式之前，用户应了解公式的组成和意义，公式的特定语法或次序为最前面是等号=，然后是公式的表达式。公式中可以包含运算符、数值或任意字符串、函数及其参数和单元格引用等元素。

单元格引用　　　　运算符

=A3-SUM(A2:F6)+0.5*6

函数　　　　　常量数值

公式由以下几个元素构成：

💧 运算符：用于对公式中的元素进行特定类型的运算，不同的运算符可以进行不同的运算，如加、减、乘、除等。

💧 数值或任意字符串：包含数字或文本等各类数据。

💧 函数及其参数：函数及其参数也是公式中的最基本元素之一，它们也用于计算数值。

💧 单元格引用：指定要进行运算的单元格地址，可以是单个单元格或单元格区域，也可以是同一工作簿中其他工作表中的单元格或其他工作簿中某张工作表中的单元格。

7.1.2 运算符的类型和优先级

运算符是对公式中的元素进行特定类型的运算。Excel 2010中包含了算术、比较、文本连接与引用这4种运算符类型。

1 算术运算符

如果要完成基本的数学运算，如加法、减法和乘法、连接数据和计算数据结果等，可以使用如下表所示的算术运算符。

算术运算符	含 义	示 例
+(加号)	加法运算	2+2
–(减号)	减法运算或负数	2–1或–1
*(星号)	乘法运算	2*2
/(正斜线)	除法运算	2/2
%(百分号)	百分比	20%
^(插入符号)	乘幂运算	2^2

2 比较运算符

使用下表所示的比较运算符可以比较两个值的大小。当用运算符比较两个值时，结果为逻辑值，比较成立则为TRUE，反之则为FALSE。

比较运算符	含 义	示 例
= (等号)	等于	A1=B1
>(大于号)	大于	A1>B1
<(小于号)	小于	A1<B1
> = (大于等于号)	大于或等于	A1>=B1
< = (小于等于号)	小于或等于	A1<=B1
<>(不等号)	不相等	A1<>B1

3 文本连接运算符

使用和号(&)可加入或连接一个或更多文本字符串以产生一串新的文本，如下表所示。

运算符	含 义	示 例
&(和号)	将两个文本值连接或串联起来以产生一个连续的文本值	spuer & man

4 引用运算符

单元格引用是用于表示单元格在工作表上所处位置的坐标集。例如，显示在第B列和第3行交叉处的单元格，其引用形式为B3。使用如下表所示的引用运算符，可以将单元格区域合并计算。

引用运算符	含　义	示　例
:(冒号)	区域运算符，产生对包括在两个引用之间的所有单元格的引用	(A5:A15)
,(逗号)	联合运算符，将多个引用合并为一个引用	SUM(A5:A15,C5:C15)
(空格)	交叉运算符，产生对两个引用共有的单元格的引用	(B7:D7 C6:C8)

例如，对于A1=B1+C1+D1+E1+F1公式，如果使用引用运算符，就可以把这一公式写为A1=SUM(B1:F1)。

5 运算符的优先级

如果公式中同时用到多个运算符，Excel 2010将会依照运算符的优先级来依次完成运算。如果公式中包含相同优先级的运算符，例如公式中同时包含乘法和除法运算符，Excel将从左到右进行计算。下表列出了Excel 2010中运算符的优先级。其中，运算符的优先级从上到下依次降低。

网站名称	网　　址
:(冒号) (单个空格) ,(逗号)	引用运算符
–	负号
%	百分比
^	乘幂

(续表)

网站名称	网　　址
* 和 /	乘和除
+ 和 –	加和减
&	连接两个文本字符串
= < > <= >= <>	比较运算符

7.1.3 输入公式

在Excel 2010中，输入公式的方法与输入文本的方法类似，具体步骤为：选择要输入公式的单元格，然后在编辑栏中直接输入=符号，然后输入公式内容，按Enter键即可将公式运算的结果显示在所选单元格中。

【例7-1】通过输入公式，计算"销售统计表"中摄像头的销售总额。

视频+素材 (光盘素材\第07章\例7-1)

01 在Excel 2010中打开"销售统计表"工作簿，然后选中工作簿中的Sheet1工作表。

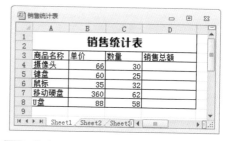

02 选中D4单元格，然后在单元格或编辑栏中输入以下公式：=B4*C4。

03 完成公式的输入后，按下Enter键即可在单元格中显示公式计算的结果。

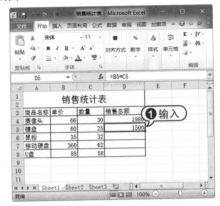

结果。

7.1.4 编辑公式

在Excel中，用户有时需要对输入的公式进行编辑，编辑公式主要包括修改公式、删除公式和复制公式等操作。

1 修改公式

修改公式操作是最基本的编辑公式操作之一，用户可以在公式所在单元格或编辑栏中对公式进行修改，具体操作步骤如下：

● 在单元格中修改公式：双击要修改公式所在的单元格，选中出错公式后重新输入新的公式即可。

● 在编辑栏中修改公式：选中要修改公式所在的单元格，然后移动鼠标至编辑栏处并单击，即可在编辑栏中对公式内容进行修改。

2 删除公式

在Excel 2010中，当使用公式计算出结果后，可以删除表格中的数据，并保留公式计算结果。

【例7-2】在"销售统计表"中，将D5单元格中的公式删除，保留计算结果。
◎视频+素材 (光盘素材\第07章\例7-2)

01 在Excel 2010中打开"销售统计表"工作簿，然后选中工作簿中的Sheet1工作表。

02 在D5单元格中输入=B5*C5公式，按下Enter键即可在单元格中显示公式计算的

03 右击D5单元格，在弹出的菜单中选择【复制】命令，复制单元格中内容。

04 选择【开始】选项卡，在【剪贴板】组中单击【粘贴】下三角按钮，从弹出的菜单中选择【选择性粘贴】命令。

05 在打开的【选择性粘贴】对话框的【粘贴】选项区域，选中【数值】单选按钮，然后单击【确定】按钮。

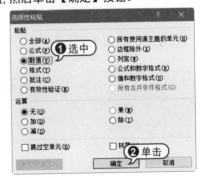

06 返回工作簿窗口后，即可发现D5单元格中的公式已经被删除，但是公式计算结果仍然保存在D5单元格中。

3 复制公式

通过复制公式操作，可以快速地在其他单元格中输入公式。复制公式的方法与复制数据的方法相似，但在Excel 2010中，复制公式往往与公式的相对引用结合使用，以提高输入公式的效率。

4 显示公式

一般而言，单元格中显示的是公式计算的结果，而公式本身则只显示在编辑栏中。为了方便用户检查公式的正确性，可以设置在单元格中显示公式。操作方法是：打开【公式】选项卡，在【公式审核】组中单击【显示公式】按钮，即可设置在单元格中显示公式。

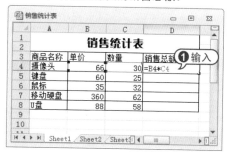

7.1.5 公式的引用

公式的引用就是对工作表中的一个或一组单元格进行标识，它告诉用户公式中使用了哪些单元格的值。通过引用，可以在一个公式中使用工作表不同部分的数据，或者在几个公式中使用同一单元格的数值。在Excel 2010中，常用引用单元格的方式包括相对引用、绝对引用与混合引用。

1 相对引用

相对引用是通过当前单元格与目标单元格的相对位置来定位引用单元格的。

相对引用包含了当前单元格与公式所在单元格的相对位置。默认设置下，Excel 2010使用的都是相对引用，若改变公式所在单元格的位置，引用也随之改变。

【例7-3】在"销售统计表"中，通过相对引用将D4单元格中的公式复制到D5:D8单元格区域中。

视频+素材 (光盘素材\第07章\例7-3)

----

01 在Excel 2010中打开"销售统计表"工作簿，然后选中工作簿中的Sheet1工作表。

02 选中D4单元格，并输入公式：=B4*C4，计算摄像头的销售总额。

03 将鼠标光标移至单元格D4单元格右下角的控制点■，当鼠标光标呈十字状态后，按住左键并拖动选定D5:D8单元格区域。

04 释放鼠标，即可将D4单元格中的公式复制到D5:D8单元格区域中，并显示各自计算结果。此时查看D5:D8单元格区域中的公式，可以发现各个公式中的参数发生了变化。

销售统计表

商品名称	单价	数量	销售总额
摄像头	66	30	1980
键盘	60	25	1500
鼠标	35	32	1120
移动硬盘	360	62	=B7*C7
U盘	88	58	5104

2 绝对引用

绝对引用就是引用公式中单元格的精确地址，与包含公式的单元格的位置无关。绝对引用与相对引用的区别在于：复制公式时使用绝对引用，则单元格引用不会发生变化。绝对引用的方法是，在列标和行号前分别加上美元符号$。例如，$B$2表示单元格B2的绝对引用，而$B$2:$E$5表示单元格区域B2:E5的绝对引用。

【例7-4】在"销售统计表"中，通过绝对引用将D4单元格中的结果复制到D5:D8单元格区域中。
🎬 视频+素材 (光盘素材\第07章\例7-4)

01 在Excel 2010中打开"销售统计表"工作簿，然后选中工作簿中的Sheet1工作表。

02 然后选中D4单元格，并输入公式：=$B$4*$C$4，计算摄像头的销售总额。

03 将鼠标光标移至单元格D4右下角的控制点■，当鼠标光标呈十字状态后，按住左键并拖动选定D5:D8区域。释放鼠标，将会发现在D5:D8区域中显示的引用结果与D4单元格中的结果相同。

销售统计表

商品名称	单价	数量	销售总额
摄像头	66	30	1980
键盘	60	25	1980
鼠标	35	32	1980
移动硬盘	360	62	1980
U盘	88	58	1980

3 混合引用

混合引用指的是在一个单元格引用中，既有绝对引用，同时也包含相对引用，即混合引用具有绝对列和相对行，或具有绝对行和相对列。绝对引用列采用$A1、$B1的形式，绝对引用行采用A$1、B$1的形式。如果公式所在单元格的位置改变，则相对引用改变，而绝对引用不变。如果多行或多列地复制公式，相对引用自动调整，而绝对引用不作调整。

【例7-5】在"销售统计表"中，通过混合引用将D4单元格中的公式复制到E5:E8单元格区域中。
🎬 视频+素材 (光盘素材\第07章\例7-5)

01 在Excel 2010中打开"销售统计表"

工作簿，然后选中工作簿中的Sheet1工作表。

02 选中D4单元格，输入公式=$B4*$C4。其中，$B4、$C4是绝对列和相对行引用形式。

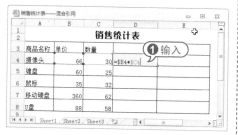

03 按下Enter键后即可得到计算结果，如下图所示。

04 选中D4单元格，按Ctrl+C键复制，然后选中E5单元格，按Ctrl+V键粘贴，此时E5单元格中的公式如下图所示。从图中可以看出，绝对引用地址没有改变，仅相对引用地址发生改变。

05 将鼠标光标移至单元格E5右下角的控制点■，当鼠标光标呈十字状态后，按住左键并拖动选定E6:E8单元格区域。释放鼠标，完成公式的混合引用操作。

7.1.6 使用数组公式

数组是一组公式或值的长方形范围，Excel 2010视数组为一个整体。数组是小空间进行大量计算的强有力的方法，可以代替很多重复的公式。

1 输入数组公式

比如要在C1:C5中得到A1:A5和B1:B5行求和的结果，可以在C1单元格中输入公式=AI+B1，然后引用公式到C2:C5单元格区域。如果使用数组公式的方法，可以首先选择C1:C5单元格区域，然后在编辑栏中输入公式=A1:A5+B1:B5，按Shift + Ctrl + Enter快捷键结束输入，即可使用数组公式计算结果。

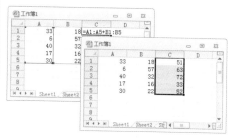

知识点滴

数组公式的显示特性：输入公式前，选择单元格区域进行输入；按Shift+Ctrl+Enter组合键结束公式输入；结束输入后公式的特征为使用{}将公式括起来；计算结果不是单个数值，而是数组。

2 选中数组范围

通常所输入数组公式的范围大小与外形应该与作为输入数据的单元格的区域的范围大小和外形相同。如果存放结果的范围太小，就看不到所有的结果；如果范围太大，有些单元格中就会出现不必要的#N/A错误。

数组公式如果返回的是多个结果，那么在删除数组公式时，必须删除整个数组公式，即先选中整个数组公式所在单元格区域，然后再删除，不能只删除数组公式的一部分。

3 数组常量

在数组公式中，通常都使用单元格区域引用，也可以直接输入数值数组。直接输入的数值数组被称为数组常量。

可以用下面的方法来建立数组中的数组常量：直接在公式中输入数值，并用大括号{}括起来，注意把不同列的数值用逗号隔开，不同行的数值用分号隔开。

在Excel中，使用数组常量时应该注意以下规定：

📌 数组常量中不能含有单元格引用，并且数组常量的列或行的长度必须相等。

📌 数组常量可以包括数字、文本、逻辑值FALSE和TRUE以及错误值，如#NAME?。

📌 在同一数组中可以有不同类型的数值，如{1，2，A，TURE}。

📌 数组常量中的数值不能是公式，必须是常量，并且不能含有$、( )或%。

📌 文本必须包含在双引号内，如"CLASSROOMS"。

例如在A1:A5单元格区域中输入数据1、2、3、4、5，选择与数组参数的范围一致的单元格区域B1:B5，然后在编辑栏中输入公式=(A1:A5)*6。

按Shift+Ctrl+Enter组合键结束输入，此时公式自动显示为{=(A1:A5)*6}，其结果以数组形式显示在选定的区域中。

7.2 使用函数

Excel 2010将具有特定功能的一组公式组合在一起形成函数。使用函数，可以大大简化公式的输入过程。

7.2.1 函数的组成

Excel中的函数实际上是一些预定义的公式，函数是将一些称为参数的特定数据值按特定的顺序或结构进行计算的公式。

Excel提供了大量的内置函数，这些函数可以有一个或多个参数，并能够返回一个计算结果，函数中的参数可以是数字、文本、逻辑值、表达式、引用或其他函数。函数一般包含等号、函数名和参数3个部分：

=函数名(参数1,参数2,参数3,……)

其中，函数名为需要执行运算的函数的名称。参数为函数使用的单元格或数值。例如，=SUM(A1:F10)，表示对A1:F10单元格区域内的所有数据求和。

Excel函数的参数可以是常量、逻辑值、数组、错误值、单元格引用或嵌套函数等(其指定的参数都必须为有效参数值)，各自的含义如下：

🍂 常量：指的是不进行计算且不会发生改变的值，如数字100与文本"家庭日常支出情况"都是常量。

🍂 逻辑值：逻辑值即TRUE(真值)或FALSE(假值)。

🍂 数组：数组用于建立可生成多个结果或可对在行和列中排列的一组参数进行计算的单个公式。

🍂 错误值：即#N/A、"空值"或_等值。

🍂 单元格引用：用于表示单元格在工作表中所处位置的坐标集。

🍂 嵌套函数：嵌套函数就是将某个函数或公式作为另一个函数的参数使用。

Excel函数包括【自动求和】、【最近使用的函数】、【财务】、【逻辑】、【文本】、【日期和时间】、【查找与引用】、【数学和三角函数】以及【其他函数】这9大类的上百个具体函数，每个函数的应用各不相同。常用函数包括SUM(求和)、AVERAGE(计算算术平均数)、ISPMT、IF、HYPERLINK、COUNT、MAX、SIN、SUMIF、PMT等。

7.2.2 插入函数

在Excel 2010中，大多数函数的操作都是在【公式】选项卡的【函数库】选项组中完成的。插入函数的方法十分简单，在【函数库】组中选择要插入的函数，然后设置函数参数的引用单元格即可。

【例7-6】在"销售统计表"中，在D9单元格中插入求平均值函数，计算所有商品的平均销售额。

🎬 视频+素材 (光盘素材\第07章\例7-6)

01 在Excel 2010中打开"销售统计表"工作簿，然后选中工作簿中的Sheet1工作表，选定D9单元格。

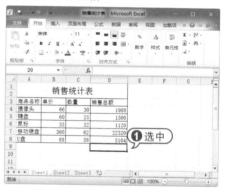

02 选择【公式】选项卡，在【函数库】选项组中单击【其他函数】按钮，选择【统计】|【AVERAGE】命令。

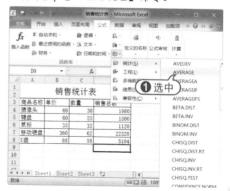

03 打开【函数参数】对话框，在AVERAGE选项区域的Number1文本框中输入计算平均值的范围，这里输入D4:D8，然后单击【确定】按钮。

04 此时即可在D9单元格中显示计算结果。

知识点滴

当插入函数后，还可以将某个公式或函数的返回值作为另一个函数的参数来使用，这就是函数的嵌套使用。使用该功能的方法为：首先插入Excel 2010自带的一种函数，然后通过修改函数的参数来实现函数的嵌套使用。

7.2.3 编辑函数

用户在运用函数进行计算时，有时需要对函数进行编辑，编辑函数的方法很简单。

【例7-7】在"销售统计表"中，修改D9单元格中的函数。
🎬视频+素材 (光盘素材\第07章\例7-7)

01 在Excel 2010中打开"销售统计表"工作簿，然后选中工作簿中的Sheet1工作表，选定D9单元格，单击【插入函数】按钮 _fx_。

02 在打开的【函数参数】对话框中将Number1文本框中的单元格地址更改为D5:D8，单击【确定】按钮。

03 此时即可在工作表中的D9单元格内看到编辑后的结果。

7.3 定义和使用名称

名称是工作簿中某些项目或数据的标识符。在公式或函数中使用名称代替数据区域进行计算，可以使公式更为简洁，从而避免输入出错。

7.3.1 定义名称

为了方便处理数据，可以将一些常用的单元格区域定义为特定的名称。下面将通过一个简单的实例，介绍如何定义名称。

【例7-8】在"销售统计表"中，定义单元格区域的名称。

视频+素材 （光盘素材\第07章\例7-8）

01 在Excel 2010中打开"销售统计表"工作簿的Sheet1工作表，然后选定C4:C8单元格区域，并打开【公式】选项卡，在【定义的名称】组中单击【定义名称】按钮。

02 在打开的【新建名称】对话框的【名称】文本框中输入单元格的新名称，在【引用位置】文本框中可以修改需要命名的单元格区域，然后单击【确定】按钮。

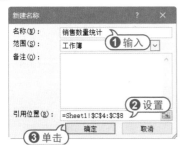

03 完成以上设置后，选中C4:C8单元格区域，名称框中将显示定义的名称，效果如右上图所示。

定义单元格或单元格区域名称时要注意如下几点：

● 名称的最大长度为255个字符，不区分大小写。

● 名称必须以字母、文字或下画线开始，名称的其余部分可以使用数字或符号，但不可以出现空格。

● 不能使用运算符和函数名。

7.3.2 使用名称

定义了单元格名称后，可以使用名称来代替单元格区域进行计算，以便用户输入。

【例7-9】在"销售统计表"中，使用定义的单元格区域名称计算所有商品销售数量的最高值。

视频+素材 (光盘素材\第07章\例7-9)

01 继续【例7-8】的操作，选中C9单元格，然后单击编辑栏中的【插入函数】按钮。

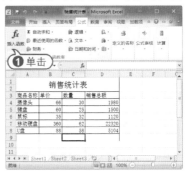

02 打开【插入函数】对话框，在【选择函数】列表中选中MAX函数，然后单击【确定】按钮。

03 在打开的【函数参数】对话框中对函数的参数进行设置，此时公式为："=MAX(销售数量统计)"，单击【确定】按钮。

04 此时即可在C9单元格中显示函数的运算结果，计算出所有商品销售数量的最高值。

7.3.3 编辑名称

在使用名称的过程中，用户可以根据需要使用名称管理器，对名称进行重命名、更改单元格区域以及删除等编辑操作。

1 重命名名称

要重命名名称，用户可以在【公式】选项卡的【定义的名称】组中单击【名称管理器】按钮，打开【名称管理器】对话框。选择需要重命名的名称，然后单击【编辑】按钮。

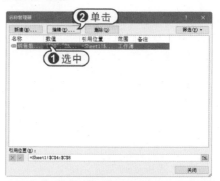

打开【编辑名称】对话框，在【名称】文本框中输入新的名称，单击【确定】按钮即可完成重命名名称操作。

2 更改名称的单元格区域

若发现定义名称的单元格区域不正确，这时需要使用名称管理器对其进行修改。

打开【名称管理器】对话框，选择要更改的名称，单击【引用位置】文本框右侧的⊞按钮。

返回至工作表中，重新选取单元格区域，然后单击⊞按钮。

展开【名称管理器】对话框，此时，在【引用位置】文本框中显示更改后的单

元格区域，单击☑按钮，再单击【关闭】按钮，返回工作表中即可显示改变后的单元格区域的名称。

3 删除名称

通常情况下，可以对多余的或未用过的名称进行删除。打开【名称管理器】对话框，选择要删除的名称，单击【删除】按钮。此时系统会自动打开对话框，提示用户是否确定要删除该名称，单击【确定】按钮即可。

7.4 应用常用函数

Excel 2010提供了多种函数来进行计算和应用，比如数学和三角函数、日期和时间函数、查找和引用函数等，下面用一些实例介绍常用函数的应用。

7.4.1 最大值和最小值函数

最大值和最小值函数可以将选择的单元格区域中的最大值或最小值返回到需要保存结果的单元格中。最大值函数的语法结构为：MAX(number1,number2…)；最小值函数的语法结构为：Min(number1, number2…)。

【例7-10】在"期末考试成绩表"工作簿中，分别计算出各科成绩的单科成绩最高分和单科成绩最低分。

🎬视频+素材 (光盘素材\第07章\例7-10)

01 启动Excel 2010应用程序，打开"期末考试成绩表"工作簿的Sheet1工作表。

02 选中C22单元格，在该单元格中输入公式=MAX(C3:C21)。输入完成后按下Enter键，即可统计出C3:C21单元格区域中的最大值。

03 选中C23单元格，在该单元格中输入公式=MIN(C3:C21)。输入完成后按下Enter键，即可统计出C3:C21单元格区域中的最小值。

	A	B	C	
	C23		fx	=MIN(C3:C21)
7	高三一班	郑淼	87	44	46.5
8	高三一班	谷婉婉	90	27	93.5
9	高三一班	韩龙	89	53	65
10	高三一班	白永超	82	40	87.5
11	高三一班	李冉	84	64	74
12	高三一班	丁志强	93	30	84.5
13	高三一班	陈俊杰	88	44	63
14	高三一班	曹岳鹏	89	55	36.5
15	高三一班	马尹超	86	38	60.5
16	高三一班	石南南	77	41	76.5
17	高三一班	霍丽芳	84	35	60.5
18	高三一班	白晓利	81	20	78
19	高三一班	贾广晓	79	30	70.5
20	高三一班	王栋辉	68	36	69.5
21	高三一班	李国军	74	40	66
22	单科成绩最高分		101	
23	单科成绩最低分		68	

04 选中C22:C23单元格区域，将鼠标光标移至C23单元格右下角的小方块处，当鼠标光标变为 ✛ 形状时，按住鼠标左键不放并拖动至H23单元格中，对公式进行引用，最终计算效果如下图所示。

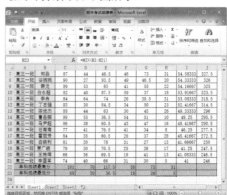

7.4.2 SUMPRODUCT函数

SUMPRODUCT函数用于在指定的几个数值中，将数值间的元素相乘，并返回乘积之和。其语法结构为：SUMPRODUCT(array1,array2,array3⋯)，其中，参数array1,array2,array3，…表示2~255个数组，其元素需要进行相乘并求和。

【例7-11】在"产品销售统计表"工作簿中，使用SUMPRODUCT函数计算产品销售总额。

📀视频+素材 (光盘素材\第07章\例7-11)

01 启动Excel 2010应用程序，打开"产品销售统计表"工作簿。

02 选中D10单元格，输入公式=SUMPRODUCT((A3:A9="抱枕")*(C3:C9)*(D3:D9))。

03 按Enter键，即可计算出抱枕类产品的销售总额。

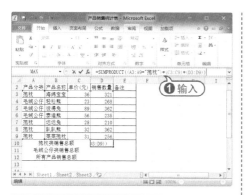

04 选中D11单元格,输入公式=SUMPRODUCT((A3:A9="毛绒公仔")*(C3:C9)*(D3:D9))。

07 按Enter键,即可计算出所有产品的销售总额。

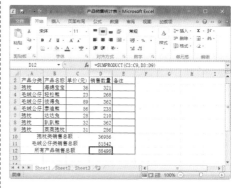

05 按Enter键,即可计算出毛绒公仔类产品的销售总额。

06 选中D12单元格,输入公式=SUMPRODUCT(C3:C9,D3:D9)。

7.4.3 HOUR、SECOND函数

HOUR函数用于返回某一时间值或代表时间的序列数所对应的小时数,其返

回值为0(12:00 AM)~23(11:00 PM)之间的整数。其语法结构为：HOUR(serial_number)，其中，参数serial_number表示将要计算小时的时间值，包含要查找的小时数。

MINUTE函数用于返回某一时间值或代表时间的序列数所对应的分钟数，其返回值为0~59之间的整数。其语法结构为：MINUTE(serial_number)。其中，参数serial_number表示需要返回分钟数的时间，包含要查找的分钟数。

SECOND函数用于返回某一时间值或代表时间的序列数所对应的秒数，其返回值为0~59之间的整数。其语法结构为：SECOND(serial_number)。其中，参数serial_number表示需要返回秒数的时间值，包含要查找的秒数。

【例7-12】在"外出办事记录"工作簿中，使用时间函数计算员工外出办事所用的小时数、分钟数和秒数。

🎬视频+素材 (光盘素材\第07章\例7-12)

◀------------------------------

01 启动Excel 2010应用程序，打开"外出办事记录"工作簿。

02 选中D4单元格，输入公式：=HOUR(C4-B4)。

03 按Enter键，即可计算出"刘芳"外出所用的小时数。

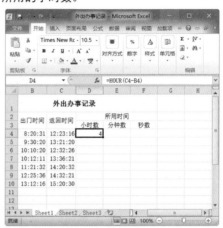

04 选中E4单元格，输入公式：=MINUTE(C4-B4)。

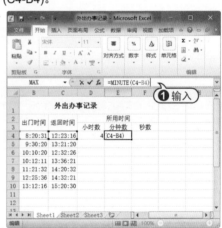

05 按Enter键，即可计算出"刘芳"外出所用的分钟数。

06 选中F4单元格，输入公式：=SECOND(C4-B4)。

07 按Enter键，计算出"刘芳"外出所用的秒数。

08 使用相对引用方式填充公式至D5:F10单元格区域，计算出所有员工外出所用的时间。

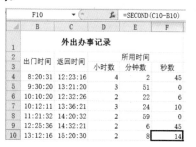

7.4.4 SYD和SLN函数

SYD函数用于返回某项资产按年限总和折旧法计算的指定期间的折旧值。其语法结构为：SYD(cost,salvage,life,per)。其中，参数cost表示资产原值；参数salvage表示资产在折旧期末的价值，也称为资产残值；参数life表示折旧期限，也称为资产的使用寿命；参数per表示期间，单位与life相同。

SLN函数用于返回某项资产在一个期间内的线性折旧值。其语法结构为：SLN(cost,salvage,life)。其中，参数cost表示资产原值；参数salvage表示资产在折旧期末的价值，也称为资产残值；参数life表示折旧期限，也称作资产的使用寿命。

【例7-13】在"公司设备折旧"工作簿中，使用财务函数SYD和SLN计算设备每年、每月和每日的折旧值。

🔊 视频+素材 (光盘素材\第07章\例7-13)

◀---

01 启动Excel 2010应用程序，打开"公司设备折旧"工作簿。

02 选中C4单元格，打开【公式】选项卡，在【函数库】组中单击【财务】按钮，从弹出的快捷菜单中选择SLN命令。

03 打开【函数参数】对话框，在Cost文本框中输入B3；在Salvage文本框中输入C3；在Life文本框中输入D3*365，然后单击【确定】按钮。

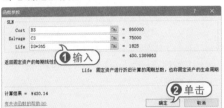

04 此时可使用线性折旧法计算设备每天的折旧值。

05 选中C5单元格，输入公式：=SLN(B3,C3,D3*12)。按Enter键，即可使用线性折旧法计算出每月的设备折旧值。

06 选中C6单元格，输入公式：=SLN(B3,C3,D3)。按Enter键，即可使用线性折旧法计算出设备每年的折旧值。

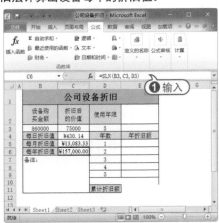

07 选中E5单元格，打开【公式】选项卡，在【函数库】组中单击【财务】按钮，从弹出的快捷菜单中选择SYD命令，打开【函数参数】对话框。

08 在Cost文本框中输入B3；在Salvage文本框中输入C3；在Life文本框中输入D3；在Per文本框中输入D5，单击【确定】按钮。

09 此时使用年限总和折旧法计算第1年的设备折旧额。

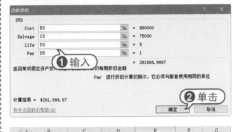

10 在编辑栏中将公式更改为：=SYD ($B$3, $C$3,$D$3,D5)。按Enter键，显示公式计算结果。

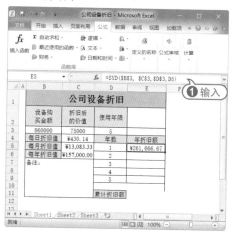

11 将光标移动至E5单元格右下角，当指针变为实心十字形状时，按住鼠标左键向下拖动到E9单元格，然后释放鼠标，即可进行公式填充，计算出不同年限的折旧额。

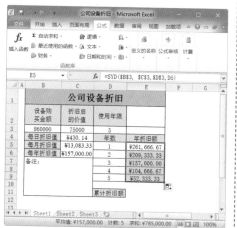

12 选中E11单元格，输入公式：=SUM (E5: E9)。按Enter键，即可计算累积折旧额。

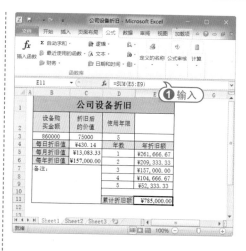

7.4.5 COMBIN函数

使用COMBIN函数可以计算各项赛事的完成时间。该函数用于返回一组对象所有可能的组合数目。其语法结构为：COMBIN(number,number_chosen)。其中，参数number表示某一对象的总数量；参数number_chosen表示每一组合中对象的数量。

【例7-14】在"棋类比赛时间表"工作簿中，使用COMBIN函数计算各项赛事的完成时间。

视频+素材 (光盘素材\第07章\例7-14)

01 启动Excel 2010应用程序，打开"棋类比赛时间表"工作簿。

02 选中B7单元格，使用COMBIN函数在编辑栏中输入公式：=COMBIN(B3,B4)*B5/B6/60。

棋类比赛时间表				
比赛项目	中国象棋	军棋	围棋	五子棋
参赛总人数	20	12	26	18
每局比赛人数	2	2	2	2
平均每局时间（分钟）	30	45	50	20
同时进行比赛场数	3	5	2	6
预计完成时间（小时）	B6/60			

03 按Enter键，将返回"中国象棋"比赛完成的预计时间。

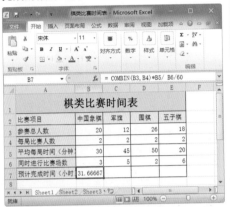

04 将光标移动到B7单元格右下角，待光标变为十字箭头时，按住鼠标左键向右拖至E7单元格中。释放鼠标，即可计算出其他赛事的预计完成时间。

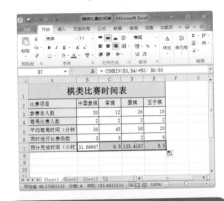

进阶技巧

本例中使用COMBIN函数计算出比赛项目需要进行的总比赛场数，然后乘以单场时间，再除以同时进行的比赛场数。结果为预计的总时间，单位为分钟。要将其转换为小时数，必须除以60。

7.5 进阶实战

本章的进阶实战部分为计算产品价格等3个综合实例操作，用户通过练习从而巩固本章所学知识。

7.5.1 计算产品价格

【例7-15】在"牙膏进货量统计"工作簿中的F列计算产品价格，要求在【单价】、【每盒数量】、【购买盒数】列中都输入数据后才显示结果，否则将返回空文本。

🔘视频+素材 (光盘素材\第07章\例7-15)

01 创建"牙膏进货量统计"工作簿，并在Sheet1工作表中输入数据。

02 选中F3单元格，输入公式：=IF(COUNT(C3:E3)<3，""，C3*D3*E3)。

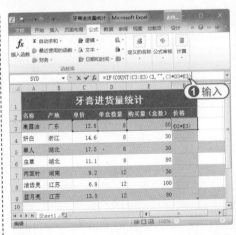

03 选择【公式】选项卡，在【公式审核】组中单击【公式求值】按钮。

值计算。

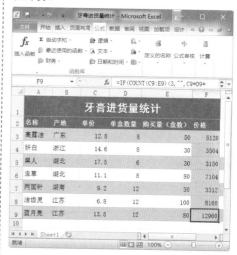

04 在打开的【公式求值】对话框中，单击【求值】按钮。

05 此时，将依次出现分步求值的计算结果，比如单击一次【求值】按钮，如下图所示。

06 在【公式求值】对话框中单击第2次【求值】按钮，如下图所示。

07 依次单击到第8次【求值】按钮后将显示F2单元格的价格求值数据为5120，此时可以单击【关闭】按钮。

08 使用同样的方法来进行其他产品的求

09 将E4单元格数据清空，此时对应的F4单元格也返回空值。

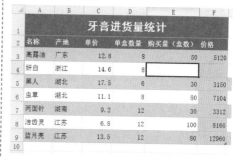

7.5.2 计算工资预算

【例7-16】在"工资预算表"工作簿中分别使用公式和函数进行计算和智能判断。

视频+素材（光盘素材\第07章\例7-16）

01 创建"工资预算表"工作簿，并在Sheet1工作表中输入数据。

02 选中G3单元格，将鼠标光标定位至编辑栏中，输入=。

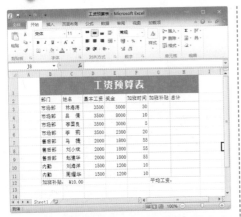

03 单击F3单元格，输入乘号*，如下图所示。

05 按下Enter键，即可在G3单元格中计算出员工"林海涛"的加班补贴。

04 接下来，单击C12单元格，然后按下F4键，将C12单元格引用转换为$C$12，如右上图所示。

06 选中G3单元格后，按下Ctrl+C组合键复制公式。选中G4:G11单元格区域，然后按下Ctrl+V组合键粘贴公式，系统将自动计算结果，如下图所示。

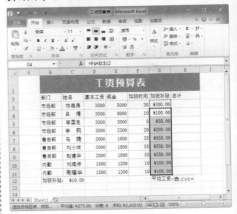

07 选中H3单元格，输入公式：=D3+E3+G3。

08 按下Enter键，即可在H3单元格中计算出员工"林海涛"的总计收入。

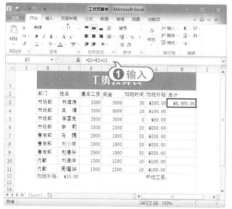

09 将鼠标光标移至H3单元格右下角，当其变为加号状态时，按住鼠标左键拖动至H11单元格，计算出所有员工的总收入。

10 选中H12单元格，然后选择【公式】选项卡，在【函数库】组中单击【自动求

和】下拉列表按钮，在弹出的下拉列表中选中【平均值】选项。

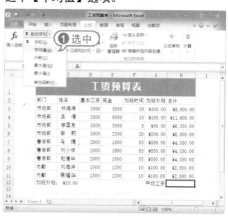

11 按下Ctrl+Enter组合键，即可在H12单元格中计算出所有员工的平均工资。

12 完成以上操作后，单击【保存】按钮，保存"工资预算表"工作簿。

7.5.3 统计年度考核

【例7-17】在"公司考核表"中使用公式和函数统计数据。

📀 视频+素材 (光盘素材\第07章\例7-17)

01 启动Excel 2010应用程序，打开"公司考核表"工作簿的Sheet1工作表。

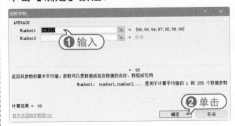

04 选定D11单元格，打开【公式】选项卡，在【函数库】组中单击【插入函数】按钮，打开【插入函数】对话框。

05 在【或选择类别】下拉列表框中选择【常用函数】选项，然后在【选择函数】列表框中选择AVERAGE选项，表示插入平均值函数AVERAGE，单击【确定】按钮。

02 选择H4单元格，然后在编辑栏中输入公式=D4+E4+F4+G4。按Enter键，即可在H4单元格中显示公式计算结果。

06 打开【函数参数】对话框，在AVERAGE选项区域的Number1文本框中输入计算平均值的范围，这里输入D4:D10，单击【确定】按钮。

03 将光标移动至H4单元格边框，当光标变为+形状时，拖动鼠标选择H5:H10单元格区域，释放鼠标，即可将H4单元格中的公式相对引用至H5:H10单元格区域中。

07 此时即可在D11单元格中显示计算结果。

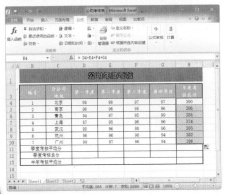

08 使用同样的方法，在E11:G11单元格

区域中插入平均值函数AVERAGE，计算平均值。

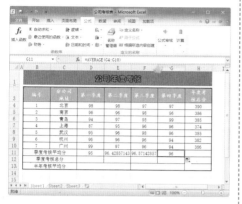

09 选定D12单元格，在编辑栏中单击【插入函数】按钮 f_x ，打开【插入函数】对话框。在【或选择类别】下拉列表框中选择【常用函数】选项，然后在【选择函数】列表框中选择SUM选项，插入求和函数，单击【确定】按钮。

10 打开【函数参数】对话框，在SUM选项区域的Number1文本框中输入计算求和的范围，这里输入D4:D10，单击【确定】按钮，进行函数的计算。

11 使用同样的方法，在E12:G12单元格区域中插入求和函数SUM，并计算出

结果。

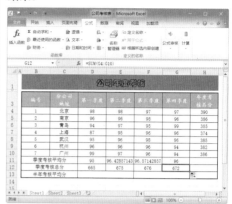

12 选定D13单元格，打开【公式】选项卡，在【函数库】组中单击【自动求和】下拉按钮，从弹出的下拉菜单中选择【平均值】命令，即可插入AVERAGE函数。

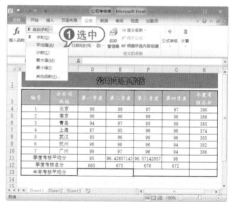

13 在编辑栏中，修改公式为：=AVERAGE(D4+E4,D5+E5,D6+E6,D7+E7,D8+E8,D9+E9,D10+E10)。

14 按Ctrl+Enter组合键，即可实现函数嵌套功能，并显示计算结果。

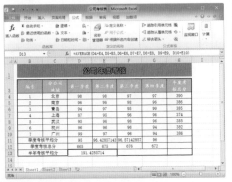

15 使用相对引用函数的方法计算下半年的考核平均分。

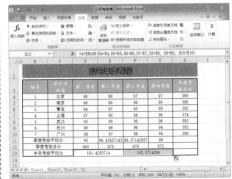

7.6 疑点解答

● 问：如何通过工作表中的单元格名称快速计算出数据结果？

答：首先选定要定义名称的单元格区域(包含标题单元格)，打开【公式】选项卡，在【定义的名称】组中单击【根据所选内容创建】按钮，打开【以选定区域创建名称】对话框，选中【首行】复选框，单击【确定】按钮，即可根据所选内容创建名称。然后选定要显示计算结果的单元格区域，在编辑栏中输入公式"=第一季度+第二季度+第三季度+第四季度"，按Ctrl+Enter组合键，即可在单元格区域中显示计算结果。

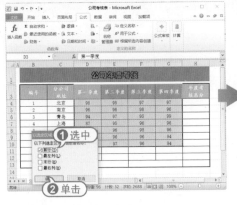

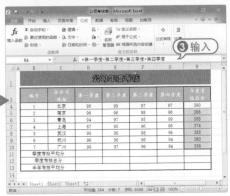

第8章

管理和分析表格数据

    Excel 2010与其他的数据管理软件一样，在排序、查找、替换以及汇总等数据管理方面具有强大的功能，能够帮助用户更容易地管理电子表格中的数据。本章将介绍管理电子表格数据的方法和技巧。

对应光盘视频

8.1 数据排序

数据排序是指按一定规则对数据进行整理、排列，这样可以为数据的进一步处理做好准备。Excel 2010的数据排序包括简单排序、自定义排序等。

8.1.1 简单排序

对工作表中的数据按某一字段进行排序时，如果按照单列的内容进行排序，可以直接通过【开始】选项卡的【编辑】组完成排序操作。如果要对多列内容排序，则需要在【数据】选项卡的【排序和筛选】组中进行操作。

【例8-1】在"员工销售业绩表"中按签单金额从高到低进行排序。
● 视频+素材 (光盘素材\第08章\例8-1)

01 启动Excel 2010应用程序，打开"员工销售业绩表"工作簿。

02 在"年度员工销售业汇总"工作表中选取【年度签单金额】所在的D3:D17单元格区域。

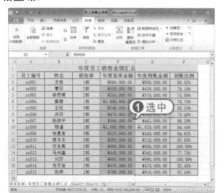

03 打开【数据】选项卡，在【排序和筛选】组中单击【降序】按钮 。

04 此时打开【排序提醒】对话框，保持选中【扩展选定区域】单选按钮，单击【排序】按钮。

知识点滴

在【排序提醒】对话框中选中【以当前选定区域排序】单选按钮，单击【排序】按钮后，Excel 2010只会将选定区域排序，而其他位置的单元格保持不动。

05 返回工作簿窗口，即可实现按照年度签单金额从高到低的顺序进行排列。

知识点滴

按【升序】进行排列时，如果对象是文本，则按英文字母A~Z的顺序进行排序；如果对象是逻辑值，则按FLASE值在TRUE值前面的方式进行排序，空格排在最后。使用【降序】排列的结果与之相反。

8.1.2 多条件排序

在使用快速排序时，只能使用一个排序条件，为了满足用户的复杂排序需求，Excel 2010提供了多条件排序功能。使用该功能，用户可设置多个排序条件，当排序主关键字的值相等时，就可以参考第二个关键字的值进行排序。

【例8-2】在"员工销售业绩表"中按签单金额从高到低排序，如果金额相同，则按到账金额从高至低排序。
◎视频+素材 (光盘素材\第08章\例8-2)

01 启动Excel 2010应用程序，打开"员工销售业绩表"工作簿的"年度员工销售业汇总"工作表。

02 打开【数据】选项卡，在【排序和筛选】组中，单击【排序】按钮，打开【排序】对话框。在【主要关键字】下拉列表框中选择【年度签单金额】选项，在【排序依据】下拉列表框中选择【数值】选项，在【次序】下拉列表框中选择【降序】选项。然后单击【添加条件】按钮。

03 在【次要关键字】下拉列表框中选择【年度到账金额】选项，在【排序依据】下拉列表框中选择【数值】选项，在【次序】下拉列表框中选择【升序】选项，单击【确定】按钮。

04 返回工作簿窗口，即可按照自定义的排序条件对表格中的数据进行排序。

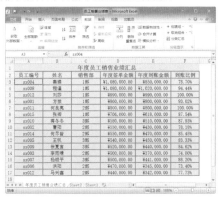

8.1.3 自定义排序

Excel 2010还允许用户对数据进行自定义排序，通过【自定义序列】对话框可以对排序的依据进行设置。

【例8-3】在"员工销售业绩表"中自定义条件进行排序。
◎视频+素材 (光盘素材\第08章\例8-3)

01 启动Excel 2010应用程序，打开"员工销售业绩表"工作簿的"年度员工销售业汇总"工作表。

02 打开【数据】选项卡，在【排序和筛选】组中，单击【排序】按钮，打开【排序】对话框。

03 在【主要关键字】下拉列表框中选择【销售部】选项，在【次序】下拉列表框中选择【自定义序列】选项。

04 打开【自定义序列】对话框，在【输

入序列】列表框中输入自定义序列内容"1
部"、"2部"和"3部",然后单击【添
加】按钮。

05 在【自定义序列】列表框中选择刚添
加的"销售部"、"技术部"序列,单击
【确定】按钮,完成自定义序列操作。

06 返回【排序】对话框,单击【确
定】按钮,此时工作表数据将以所属部门
"1部"、"2部"、"3部"的顺序进行
排序。

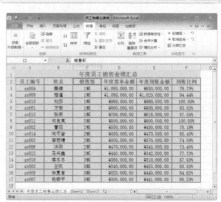

8.2 数据筛选

筛选是一种用于查找数据的快速方法。经过筛选后的数据清单只显示包含指定条件
的数据行,以供浏览、分析之用。

8.2.1 自动筛选

使用Excel 2010提供的自动筛选功
能,可以快速筛选表格中的数据。自动筛
选为用户提供了从具有大量记录的数据清
单中快速查找符合某种条件记录的功能。
筛选数据时,字段名称将变成一个下拉列
表框的框名。

- - - - - - - - - - - - - - - ▶

【例8-4】自动筛选出"员工销售业绩表"
中到账比例最高的3条记录。
📀 视频+素材 (光盘素材\第08章\例8-4)

◀ - - - - - - - - - - - - - -

01 启动Excel 2010应用程序,打开"员
工销售业绩表"工作簿的"年度员工销售
业汇总"工作表。

02 打开【数据】选项卡,在【排序和筛
选】组中单击【筛选】按钮,进入筛选模式。

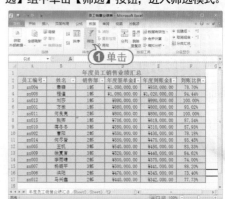

03 单击【到账比例】单元格旁边的倒
三角按钮,在弹出的菜单中选择【数字筛
选】|【10个最大的值】命令。

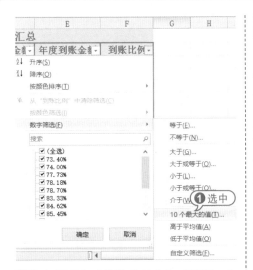

04 打开【自动筛选前10个】对话框,在【最大】右侧的微调框中输入3,单击【确定】按钮。

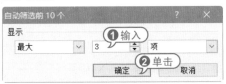

05 返回工作簿窗口,即可显示筛选出的到账比例最高的3条记录。

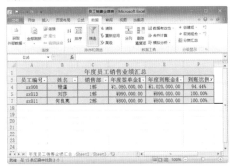

进阶技巧

如果要清除筛选设置,单击筛选条件单元格旁边的 按钮,在弹出的菜单中选择相应的清除筛选命令即可。

8.2.2 自定义筛选

当自带的筛选条件无法满足需要时,用户可以根据需要自定义筛选条件。

【例8-5】筛选出"员工销售业绩表"中到账比例大于85%的记录。

视频+素材 (光盘素材\第08章\例8-5)

01 启动Excel 2010应用程序,打开"员工销售业绩表"工作簿的"年度员工销售业汇总"工作表。

02 打开【数据】选项卡,在【排序和筛选】组中单击【筛选】按钮,进入筛选模式。

03 单击【到账比例】单元格旁边的倒三角按钮,在弹出的菜单中选择【数字筛选】|【自定义筛选】命令。

04 打开【自定义自动筛选方式】对话框,在【到账比例】下拉列表框中选择【大于】选项,然后在其后面的文本框中输入85%,单击【确定】按钮。

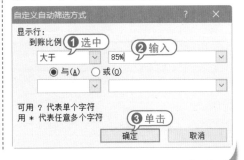

05 返回工作簿窗口，即可显示筛选出满足条件的记录。

8.2.3 高级筛选

如果数据清单中的字段比较多，筛选的条件也比较多，那么自定义筛选的操作将会变得十分麻烦。对于筛选条件较多的情况，可以使用高级筛选功能来处理。

使用高级筛选功能，必须先建立一个条件区域，用来指定筛选的数据所需满足的条件。条件区域的第一行是所有作为筛选条件的字段名，这些字段名与数据清单中的字段名必须完全一致。条件区域的其他行则是筛选条件。需要注意的是，条件区域和数据清单不能连接，必须用一个空行将其隔开。

【例8-6】筛选出"员工销售业绩表"中年度签单金额大于800000并且到账比例大于85%，且属于销售1部的记录。

（视频+素材）(光盘素材\第08章\例8-6)

01 启动Excel 2010应用程序，打开"员工销售业绩表"工作簿的"年度员工销售业汇总"工作表。

02 在A19:C20单元格区域中输入筛选条件。

03 在表格中选择A2:F17单元格区域，然后打开【数据】选项卡，在【排序和筛选】组中单击【高级】按钮。

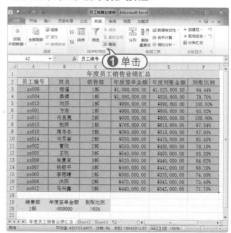

04 打开【高级筛选】对话框，单击【条件区域】文本框后的按钮，返回工作簿窗口，选择之前输入筛选条件的A19:C20单元格区域。单击按钮，展开【高级筛选】对话框，可以查看选定的列表区域与条件区域，单击【确定】按钮。

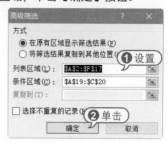

05 返回工作簿窗口，筛选出满足条件的数据。

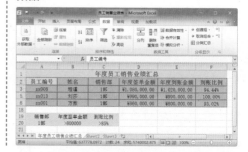

8.3 数据分类汇总

分类汇总是对数据清单进行数据分析的一种方法。分类汇总对数据库中指定的字段进行分类，然后统计同一类记录的有关信息。统计的内容可以由用户指定，也可以统计同一类记录的记录条数，还可以对某些数值段求和、求平均值、求极值等。

8.3.1 创建分类汇总

Excel可自动计算数据清单中的分类汇总和总计值。当插入自动分类汇总时，Excel将分级显示数据清单，以便为每个分类汇总显示和隐藏明细数据行。

Excel 2010可以在数据清单中自动计算分类汇总及总计值。用户只需指定需要进行分类汇总的数据项、待汇总的数值和用于计算的函数(例如，求和函数)即可。

【例8-7】将"员工销售业绩表"中的数据按销售部分类，并汇总各销售部的平均签单金额。

🎬 视频+素材 (光盘素材\第08章\例8-7)

01 启动Excel 2010应用程序，打开"员工销售业绩表"工作簿的"年度员工销售业汇总"工作表。

02 选定【销售部】所在的C3:C17单元格区域，打开【数据】选项卡，在【排序和筛选】组中单击【升序】按钮↑↓，对【销售部】进行分类排序。

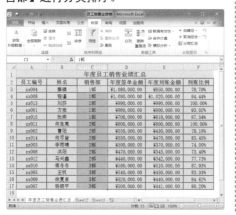

知识点滴

在创建分类汇总前，用户必须先根据需要进行分类汇总的数据列对数据清单排序，使得分类字段的同类数据排列在一起，否则在执行分类汇总操作后，Excel 2010只会对连续相同的数据进行汇总。

03 选定任意一个单元格，打开【数据】选项卡，在【分级显示】组中单击【分类汇总】按钮，打开【分类汇总】对话框。

04 在【分类字段】下拉列表框中选择【销售部】选项，在【汇总方式】下拉列表框中选择【平均值】选项，然后在【选定汇总项】列表框中选中【年度签单金额】复选框，选中【替换当前分类汇总】与【汇总结果显示在数据下方】复选框，单击【确定】按钮。

05 返回工作簿窗口，即可查看表格数据分类汇总后的效果。

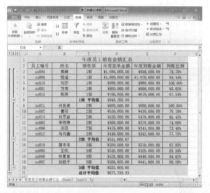

8.3.2 隐藏分类汇总

为了方便查看数据，可将分类汇总后暂时不需要使用的数据隐藏，减小界面的占用空间。当需要查看时，再将其显示。

【例8-8】 在【例8-7】汇总后的"员工销售业绩表"工作簿中，隐藏除汇总外的所有分类数据，然后显示销售2部的详细数据。

视频+素材 (光盘素材\第08章\例8-8)

01 启动Excel 2010应用程序，打开【例8-7】汇总后的"员工销售业绩表"工作簿。

02 在"年度员工销售业汇总"工作表中选择【1部 平均值】所在的C8单元格，打开【数据】选项卡，在【分级显示】组中单击【隐藏明细数据】按钮，隐藏销售1部员工的详细记录。

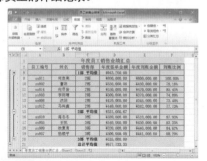

03 使用同样的方法，隐藏所有员工的详细记录。

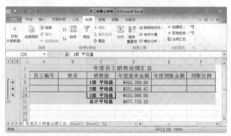

04 选定【2部 平均值】所在的C15单元格，打开【数据】选项卡，在【分级显示】组中单击【显示明细数据】按钮，即可重新显示销售2部员工的详细数据。

进阶技巧

单击分类汇总工作表左边列表树中的 **+**、**-** 符号按钮，同样可以实现显示与隐藏详细数据的操作。

8.3.3 多重分类汇总

在Excel 2010中，有时需要同时按照多个分类项来对表格数据进行汇总计算，这就要用到多重分类汇总。多重分类汇总需要遵循以下3个原则：

◆ 按分类项的优先级别顺序对表格中的相关字段排序。

◆ 按分类项的优先级顺序多次执行【分类汇总】命令，并设置详细参数。

◆ 从第二次执行【分类汇总】命令开始，需要取消选中【分类汇总】对话框中的

【替换当前分类汇总】复选框。

【例8-9】在"员工销售业绩表"中，分别对各个销售部的男女年度签单金额进行汇总。
视频+素材 (光盘素材\第08章\例8-9)

01 启动Excel 2010应用程序，打开"员工销售业绩表"工作簿的"年度员工销售业汇总"工作表。

02 在G3:G17单元格区域里加入"性别"一组数据。

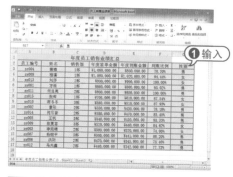

03 选中任意一个单元格，在【数据】选项卡中单击【排序】按钮，在弹出的【排序】对话框中，选择【主要关键字】为【销售部】、【次序】为【升序】，然后单击【添加条件】按钮。

04 在【次要关键字】里选择【性别】选项，然后单击【确定】按钮，完成排序。

05 单击【数据】选项卡中的【分类汇总】按钮，打开【分类汇总】对话框，选择【分类字段】为【销售部】、【汇总方式】为【求和】，选中【选定汇总项】选项区域的【年度签单金额】复选框，然后单击【确定】按钮。

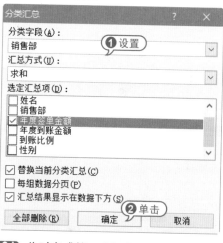

06 此时完成第一次汇总，表格效果如下图所示。

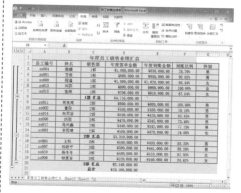

07 再次单击【数据】选项卡中的【分类汇总】按钮，打开【分类汇总】对话框，选择【分类字段】为【性别】、汇总方式为【求和】，选中【选定汇总项】选项区的【年度签单金额】复选框，取消选中【替换当前分类汇总】复选框，然后单击【确定】按钮，如下图所示。

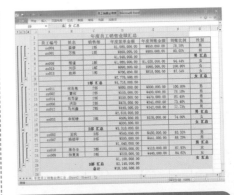

08 此时表格同时根据【销售部】和【性别】两个分类字段进行了汇总，效果如右上图所示。

进阶技巧

单击【分级显示控制按钮】中的3，即可得到各个部门的男女签单汇总。

8.4 制作图表

为了能更加直观地表达表格中的数据，可将数据以图表的形式表示出来。使用Excel 2010提供的图表功能，可以更直观地表现表格中数据的发展趋势或分布状况，方便对数据进行对比和分析。

8.4.1 认识图表

图表的基本结构包括图表区、绘图区、图表标题、数据系列、网格线、图例等，如下图所示。

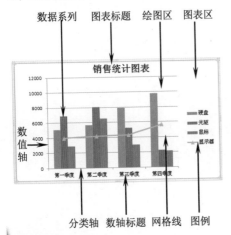

图表的各组成部分介绍如下：

● 图表标题：图表标题在图表中起到说明性的作用，是图表性质的大致概括和内容总结，它相当于一篇文章的标题并可用来定义图表的名称。它可以自动与坐标轴对齐或居中排列于图表坐标轴的外侧。

● 图表区：在Excel 2010中，图表区指的是包含绘制的整张图表及图表中元素的区域。

● 绘图区：绘图区是指图表中的整个绘制区域。二维图表和三维图表的绘图区有所区别。在二维图表中，绘图区是以坐标轴为界并包括全部数据系列的区域；而在三维图表中，绘图区是以坐标轴为界并包含数据系列、分类名称、刻度线和坐标轴标题的区域。

● 数据系列：在Excel中，数据系列又称为分类，它指的是图表上的一组相关数据点。在Excel 2010图表中，每个数据系列都用不同的颜色和图案加以区别。每一个数据系列分别来自于工作表的某一行或某一列。

💡 网格线：和坐标轴类似，网格线是图表中从坐标轴刻度线延伸并贯穿整个绘图区的可选线条系列。网格线的形式有多种：水平的、垂直的、主要的、次要的，用户还可以根据需要对它们进行组合。

💡 图例：在图表中，图例是包围图例项和图例项标识的方框，每个图例项左边的图例项标识和图表中相应数据系列的颜色与图案相一致。

💡 数轴标题：用于标记分类轴和数值轴的名称，在Excel 2010默认设置下位于图表的下面和左面。

Excel 2010提供了多种图表，如柱形图、折线图、饼图、条形图、面积图和散点图等，各种图表各有优点，适用于不同的场合。

8.4.2 创建图表

使用Excel 2010提供的图表向导，可以方便、快速地建立一个标准类型或自定义类型的图表。在图表创建完成后，仍然可以修改其各种属性，以使整个图表更趋于完善。

【例8-10】依据"全年销售统计表"工作簿，使用【插入图表】对话框创建图表。
📹 视频+素材 (光盘素材\第08章\例8-10)

01 启动Excel 2010应用程序，打开"全年销售统计表"工作簿，切换至Sheet1工作表，然后选中表格中任意一个有数据的单元格。

02 选择【插入】选项卡，在【图表】组中单击对话框启动器按钮，打开【插入图表】对话框。

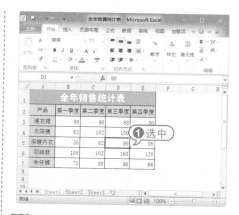

03 在该对话框左侧的导航窗格中选择图表类型，并在右侧的列表框中选择一种图表类型，单击【确定】按钮，如下图所示。

04 此时，即可基于工作表中的数据创建一个图表。

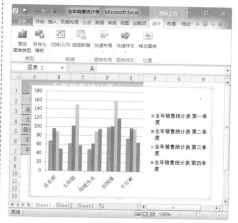

8.4.3 编辑图表

若已经创建好的图表不符合用户要求，可以对其进行编辑。图表创建完成后，Excel 2010会自动打开【图表工具】的【设计】、【布局】和【格式】选项卡，在其中可以设置图表类型、图表位置和大小、图表样式、图表的布局等。

1 更改图表类型

如果用户对插入图表的类型不满意，觉得无法确切地表现所需要查看的内容，则可以更改图表的类型。

首先选中图表，然后打开【图表工具】的【设计】选项卡，在【类型】组中单击【更改图表类型】按钮，打开【更改图表类型】对话框，选择其他类型的图表选项，比如选择【百分比堆积圆柱图】选项，单击【确定】按钮即可更改成该图表类型。

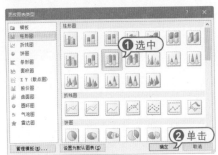

2 更改图表数据源

在Excel 2010图表中，用户可以通过增加或减少图表数据系列，来控制图表中所显示数据的内容。

【例8-11】在"全年销售统计表"工作簿中，更改图表的数据源，使其不显示第四季度记录。
视频+素材 (光盘素材\第08章\例8-11)

01 启动Excel 2010应用程序，打开"全年销售统计表"工作簿的Sheet1工作表。

02 选中图表，打开【图表工具】的【设计】选项卡，在【数据】组中单击【选择数据】按钮。

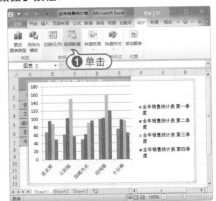

03 打开【选择数据源】对话框，单击【图表数据区域】后面的按钮。

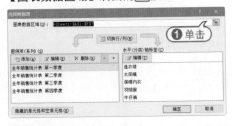

04 返回工作表，选择A2:D7单元格区域，然后单击按钮。

05 返回【选择数据源】对话框，单击【确定】按钮，此时数据源发生变化，图表也随之发生变化。

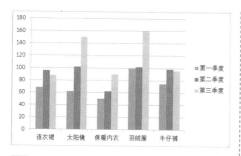

3 设计图表各元素

在Excel 2010电子表格中插入图表后，用户可以根据需要调整图表中任意元素的样式，例如图表区的样式、绘图区的样式以及数据系列的样式等。

【例8-12】在"全年销售统计表"工作簿中，设置图表中各元素的样式。

视频+素材（光盘素材\第08章\例8-12）

01 启动Excel 2010应用程序，打开"全年销售统计表"工作簿，切换至Sheet1工作表。

02 选中图表，打开【图表工具】的【格式】选项卡，在【形状样式】组中单击【其他】下拉按钮，在弹出的【形状样式】下拉列表框中选择一种预设样式。

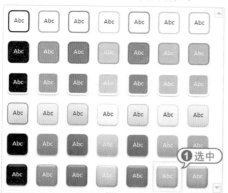

03 返回工作表窗口，即可查看新设置的图表区样式。

04 选定图表中的第三季度销售数量数据系列，在【格式】选项卡的【形状样式】组中，单击【形状填充】按钮，在弹出的菜单中选择【纹理】|【斜纹布】选项。

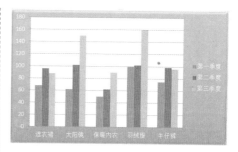

05 返回工作簿窗口，此时第三季度销售数量数据系列的柱形图将会被填充为该样式。

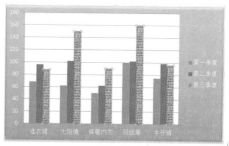

06 在图表中选择网格线，然后在【格式】选项卡的【形状样式】组中，单击【形状效果】下拉按钮，从弹出的列表中选择【发光】|【水绿色、5pt发光、强调文字颜色5】选项。

07 返回工作簿窗口，即可查看图表网格线的新样式。

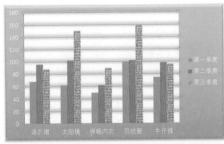

进阶技巧

Excel 2010为所有类型图表预设了多种样式效果，打开【图表工具】的【设计】选项卡，在【图表样式】菜单中即可为图表套用预设的图表样式。

8.5 制作数据透视表

数据透视表是一种对大量数据快速汇总和建立交叉列表的交互式表格。它不仅可以转换行和列以查看源数据的不同汇总结果，也可以显示不同页面以筛选数据，还可以根据需要反映区域中的细节数据。

8.5.1 创建数据透视表

要创建数据透视表，必须连接一个数据来源并输入报表的位置，本节以"全年销售统计表"工作簿为数据源来创建数据透视表。

【例8-13】在"全年销售统计表"工作簿中创建数据透视表。

视频+素材 (光盘素材\第08章\例8-13)

01 启动Excel 2010应用程序，打开"全年销售统计表"工作簿，切换至Sheet1工作表，添加【销售总额】数据。

02 选择【插入】选项卡，在【表格】组中单击【数据透视表】按钮，在弹出的菜单中选择【数据透视表】命令。

产品	第一季度	第二季度	第三季度	第四季度	销售总额
连衣裙	68	96	88	50	302
太阳镜	62	102	150	58	372
保暖内衣	50	62	90	96	298
羽绒服	100	102	160	120	482
牛仔裤	75	98	96	66	335

03 打开【创建数据透视表】对话框，在【请选择要分析的数据】组中选中【选择一个表或区域】单选按钮，然后单击按钮，选定A2:F7单元格区域；在【选择放置数据透视表的位置】选项区域选中【新工作表】单选按钮，单击【确定】按钮。

04 此时，在工作簿中添加一个新工作表，同时插入数据透视表，并将新工作表命名为"数据透视表"。

05 在【数据透视表字段列表】窗格的【选择要添加到报表的字段】列表中选中各字段前的复选框，此时，可以看到各字段已经被添加到数据透视表中。

8.5.2 编辑数据透视表

在创建数据透视表后，打开【数据

透视表工具】的【选项】和【设计】选项卡，在其中可以对数据透视表进行编辑操作，如设置数据透视表的字段、布局数据透视表、设置数据透视表的样式等。

【例8-14】在"全年销售统计表"工作簿中编辑数据透视表。

视频+素材 (光盘素材\第08章\例8-14)

----

01 启动Excel 2010应用程序，打开"全年销售统计表"工作簿，切换至【数据透视表】工作表。

02 打开【数据透视表工具】的【设计】选项卡，在【数据透视表样式】组中单击【其他】按钮▼，从弹出的列表框中选择一种样式，快速套用数据透视表样式。

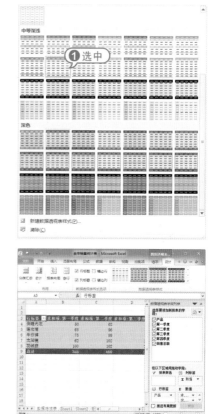

03 在【数据透视表样式选项】组中选中【镶边行】和【镶边列】复选框，为表格自动添加边框和底纹。

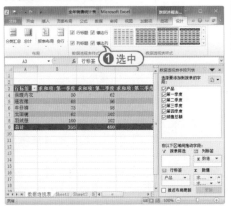

04 单击A3单元格旁的倒三角按钮，弹出字段下拉列表框，选中【牛仔裤】复选框，单击【确定】按钮。

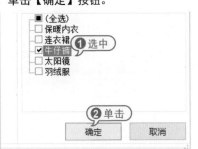

进阶技巧

单击A3单元格右侧的倒三角按钮，从弹出的列表框中选中【全选】复选框，单击【确定】按钮，即可显示全部的数据记录。

05 此时，即可在数据透视表中统计牛仔裤的销售信息。

知识点滴

创建数据透视表后，可以直接在【数据透视表字段列表】任务窗格中向数据透视表中添加或删除字段，也可以拖动字段来改变数据表的布局。

8.6 制作数据透视图

数据透视图可以看成数据透视表和图表的结合，它以图形的形式表示数据透视表中的数据。在Excel 2010中，可以根据数据透视表快速创建数据透视图并对其进行设置。

8.6.1 创建数据透视图

通过创建好的数据透视表，用户可以快速简单地创建数据透视图。

【例8-15】在"全年销售统计表"工作簿中创建数据透视图。

视频+素材 (光盘素材\第08章\例8-15)

01 启动Excel 2010应用程序，打开"全年销售统计表"工作簿，切换至【数据透视表】工作表。

02 选定数据透视表中的任意单元格，打开【数据透视表工具】的【选项】选项卡，在【工具】组中单击【数据透视图】按钮。

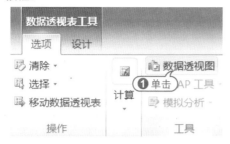

03 打开【插入图表】对话框，在【柱形图】选项卡里选择【三维簇状柱形图】选项，然后单击【确定】按钮。

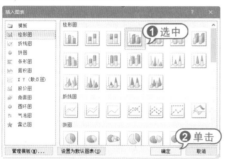

04 此时，在数据透视表中插入一个数据透视图。

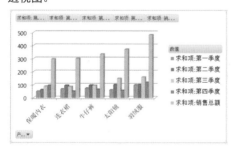

05 打开【数据透视图工具】的【设计】选项卡，在【位置】组中单击【移动图表】按钮。

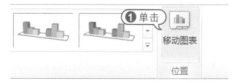

06 打开【移动图表】对话框。选中【新工作表】单选按钮，在其后的文本框中输入工作表的名称"数据透视图"，然后单击【确定】按钮。

07 此时即可在工作簿中添加一个新工作表，同时插入数据透视图。

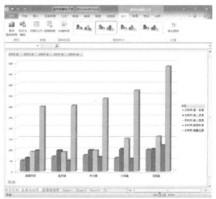

8.6.2 分析数据透视图

数据透视图是一个动态的图表，它通过数据透视表字段列表和字段按钮来分析和筛选其中的项。

【例8-16】在"全年销售统计表"工作簿中分析数据透视图。
视频+素材 (光盘素材\第08章\例8-16)

01 启动Excel 2010应用程序，打开"全年销售统计表"工作簿的【数据透视图】工作表。

02 打开【数据透视图工具】的【分析】选项卡，在【显示/隐藏】组中分别单击【字段列表】和【字段按钮】按钮，将这两个按钮点亮，即可显示数据透视表字段列表和字段按钮。

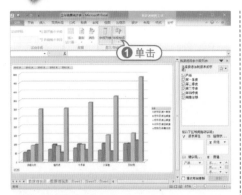

03 在【数据透视表字段列表】任务窗格的【选择要添加到报表的字段】列表框中单击【产品】右侧的下拉按钮，从弹出的列表框中取消选中除【牛仔裤】以外的其他复选框，然后单击【确定】按钮。

04 此时，在数据透视图中筛选出"牛仔裤"的销售数据，如下图所示。

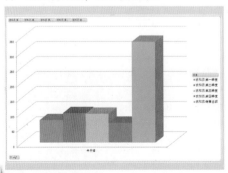

05 打开【数据透视图工具】的【分析】选项卡，在【数据】组中单击【清除】按钮，从弹出的菜单中选择【清除筛选】命令，即可重新显示所有的项。

06 在【数据透视表字段列表】任务窗格的【在以下区域间拖动字段】区域，将【图例字段】列表中的【数值】项拖动到【轴字段】列表中；将【轴字段】列表中的【产品】项拖动到【图例字段】列表中，完成【图例字段】和【轴字段】的互换。

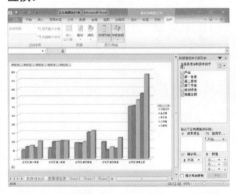

07 在【数据透视表字段列表】任务窗格的【选择要添加到报表的字段】列表框中取消选中【销售总额】复选框，即可在数据透视图中取消显示该项数据。

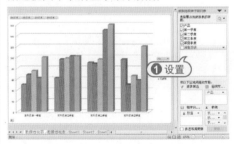

8.7 进阶实战

本章的进阶实战部分为管理表格数据和制作数据透视图表两个综合实例操作，用户通过练习从而巩固本章所学知识。

8.7.1 管理表格数据

【例8-17】在"销售业绩统计表"工作簿中，进行数据的排序、筛选和分类汇总。

视频+素材 (光盘素材\第08章\例8-17)

01 启动Excel 2010，打开"销售业绩统计表"工作簿，在【数据】选项卡的【排序和筛选】组中单击【排序】按钮。

02 打开【排序】对话框，在【主要关键字】下拉列表框中选择【销售总额】选项；在【排序依据】下拉列表框中选择【数值】选项；在【次序】下拉列表框中选择【降序】选项，单击【确定】按钮。

03 此时即可将表格中的所有数据按照销售总额从高到低进行排列。

04 下面筛选出销售总额在10万元~15万元之间的员工销售业绩记录。在【数据】选项卡的【排序和筛选】组中单击【筛选】按钮，使表格进入筛选模式。

05 单击G2单元格中的下拉箭头，在弹出的菜单中选择【数字筛选】|【介于】命令。

06 打开【自定义自动筛选方式】对话框，选择条件类型为"与"，按照下图所示的参数进行设置，然后单击【确定】按钮。

07 此时即可筛选出销售总额在10万元~15万元之间的员工销售业绩记录。

	A	B	C	D	E	F	G
1			销售业绩统计表				
							单位：万元
2	工号	姓名	所属部门	一月份	二月份	三月份	销售总额
9	111	刘振宇	销售二部	3	7	4	14
10	103	李珍珍	销售一部	5	2	6	13
11	105	张清艳	销售二部	3	8	2	13
12	112	王天琪	销售一部	3	6	3	12
13	106	沈晓静	销售二部	6	2	3	11
15							
16							
17							
18							

08 下面对数据进行分类汇总，要求分别汇总出销售一部和销售二部前三个月的销售总额。

09 在【数据】选项卡的【排序和筛选】选项组中单击【清除】按钮，清除筛选操作，然后单击【排序】按钮，打开【排序】对话框。在【主要关键字】下拉列表框中选择【所属部门】选项，在【排序依据】下拉列表框中选择【数值】选项；在【次序】下拉列表框中选择【降序】选项，单击【确定】按钮。

10 在【数据】选项卡的【分级显示】组中单击【分类汇总】按钮，打开【分类汇总】对话框。选择【分类字段】为【所属部门】、【汇总方式】为【求和】，选中【选定汇总项】选项区域的【销售总额】

复选框，单击【确定】按钮。

11 此时即可对数据进行分类汇总，效果如下图所示。

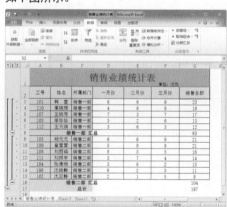

8.7.2 制作数据透视图表

【例8-18】在"进货记录表"工作簿中创建数据透视图表。

视频+素材 (光盘素材\第08章\例8-18)

01 启动Excel 2010应用程序，打开"进货记录表"工作簿的Sheet1工作表。

02 打开【插入】选项卡，在【表格】组中单击【数据透视表】按钮，在弹出的菜单中选择【数据透视表】命令。

03 打开【创建数据透视表】对话框，在【请选择要分析的数据】选项区域选中【选择一个表或区域】单选按钮，单击【表/区域】文本框后的 按钮，在工作表中选择B2:E10单元格区域；单击 按钮，返回【创建数据透视表】对话框；在【选择放置数据透视表的位置】选项区域选中【现有工作表】单选按钮，在【位置】文本框后单击 按钮，选定Sheet 2工作表的B2单元格。单击【确定】按钮，即可在Sheet 2工作表中插入数据透视表。

04 在【数据透视表字段列表】任务窗格中设置字段布局，工作表中的数据透视表即会根据设置条件进行相应变化。

05 选定数据透视表，打开【数据透视表工具】的【设计】选项卡，在【数据透视表样式】组中单击 按钮，打开数据透视表样式列表。在列表中选择【数据透视表样式中等深浅19】样式，设置数据透视表套用该样式。

06 打开【数据透视表工具】的【选项】选项卡，在【工具】组中单击【数据透视图】按钮。

07 打开【插入图表】对话框，打开【饼图】选项卡，选择【三维饼图】选项，然后单击【确定】按钮，即可插入数据透视图。

08 选定数据透视图，打开【数据透视图工具】的【设计】选项卡，在【图表布局】组中选择一种图表样式，并调整数据透视图的位置和大小。

8.8 疑点解答

● 问：如何在Excel 2010中使用迷你图？

答：迷你图包括折线图、饼图、盈亏图3种类型，要创建迷你图，则需要在Excel 2010工作表中打开【插入】选项卡，在【迷你图】选项组中单击【折线图】按钮，打开【创建迷你图】对话框。单击按钮，在工作表中选择数据范围和位置范围，单击【确定】按钮，此时在位置范围单元格中显示创建的迷你图。

第9章

PowerPoint幻灯片初级制作

　　PowerPoint 2010是Office系列软件中的多媒体演示文稿制作软件，它将信息以更轻松、更高效的幻灯片形式表达出来。本章将介绍有关PowerPoint 2010幻灯片的初级制作的内容。

对应光盘视频

例9-1　使用模板创建演示文稿
例9-2　在占位符中输入文本
例9-3　插入文本框
例9-4　设置文本格式
例9-5　设置段落格式
例9-6　添加项目符号

例9-7　插入艺术字
例9-8　插入图片
例9-9　插入表格
例9-10　插入音频和视频
例9-11　制作宣传演示文稿

9.1 创建演示文稿

使用PowerPoint 2010可以轻松地新建演示文稿，其强大的功能为用户提供了方便，本节将介绍多种创建演示文稿的方法。

9.1.1 创建空白演示文稿

空白演示文稿是一种形式最简单的演示文稿，没有应用模板设计、配色方案以及动画方案，可以自由设计。创建空白演示文稿的方法主要有以下两种：

🔹 启动PowerPoint自动创建空白演示文稿：无论是使用【开始】按钮启动PowerPoint 2010，还是通过桌面快捷图标启动，都将自动打开空白演示文稿。

🔹 使用【文件】按钮创建空白演示文稿：单击【文件】按钮，在弹出的菜单中选择【新建】命令。在中间的【可用的模板和主题】列表框中选择【空白演示文稿】选项，单击【创建】按钮，即可新建一个空白演示文稿。

9.1.2 根据模板创建

模板是一种以特殊格式保存的演示文稿，一旦应用了一种模板后，幻灯片的背景图形、配色方案等就都已经确定，所以套用模板可以提高新建演示文稿的效率。

PowerPoint 2010提供了许多美观的设计模板，这些设计模板将演示文稿的样式、

风格，包括幻灯片的背景、装饰图案、文字布局及颜色、大小等均预先定义好。用户在设计演示文稿时可以先选择演示文稿的整体风格，然后再进行进一步的编辑和修改。

- ▶
【例9-1】使用模板【PowerPoint 2010简介】，创建一个演示文稿。 🔲视频▶
◀ -

01 单击【开始】按钮，从弹出的【开始】菜单中选择【Microsoft Office】|【Microsoft PowerPoint 2010】命令，启动PowerPoint 2010应用程序。

02 单击【文件】按钮，在弹出的菜单中选择【新建】命令，在中间的【可用的模板和主题】列表框中选择【样本模板】选项。

03 在打开的【样本模板】列表框中选择【PowerPoint 2010简介】选项，单击【创建】按钮。

04 此时，即可新建一个名为【演示文稿2】的演示文稿，将应用模板样式。

9.1.3 根据现有内容创建

如果用户想使用现有演示文稿中的一些内容或风格来设计其他的演示文稿，就可以使用PowerPoint的【根据现有内容新建】功能。这样就能够得到一个和现有演示文稿具有相同内容和风格的新演示文稿，用户只需在原有的基础上进行适当修改即可。

首先单击【文件】按钮，选择【新建】命令，在【可用的模板和主题】列表框中选择【根据现有内容新建】选项。

打开【根据现有演示文稿新建】对话框，选择需要应用的演示文稿文件，单击【新建】按钮即可。

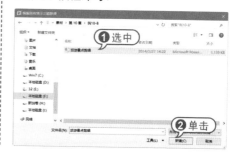

9.2 幻灯片基本操作

一个演示文稿通常包括多张幻灯片，用户可以对其中的幻灯片进行编辑操作，如选择、插入、复制、移动和删除幻灯片等操作。

9.2.1 选择幻灯片

在PowerPoint 2010中，用户可以选中一张或多张幻灯片，然后对选中的幻灯片进行操作。在普通视图中选择幻灯片的方法有以下几种：

🔘 选择单张幻灯片：无论是在普通视图还是在幻灯片浏览视图下，只需单击需要的幻灯片，即可选中该张幻灯片。

🔘 选择编号相连的多张幻灯片：首先单击

起始编号的幻灯片，然后按住Shift键，单击结束编号的幻灯片，此时两张幻灯片之间的多张幻灯片被同时选中。

选择编号不相连的多张幻灯片：在按住Ctrl键的同时，依次单击需要选择的每张幻灯片，即可同时选中单击的多张幻灯片。在按住Ctrl键的同时再次单击已选中的幻灯片，则取消选择该幻灯片。

选择全部幻灯片：无论是在普通视图还是在幻灯片浏览视图下，按Ctrl+A组合键，即可选中当前演示文稿中的所有幻灯片。

9.2.2 插入幻灯片

在启动PowerPoint 2010应用程序后，PowerPoint会自动建立一张新的幻灯片，随着制作过程的推进，需要在演示文稿中添加更多的幻灯片。

1 通过【幻灯片】组插入

在幻灯片预览窗格中，选择一张幻灯片，打开【开始】选项卡，在功能区的【幻灯片】组中单击【新建幻灯片】按钮，即可插入一张默认版式的幻灯片。当需要应用其他版式时，单击【新建幻灯片】按钮右下方的下拉箭头，在弹出的版式菜单中选择【标题和内容】选项，即可插入该样式的幻灯片。

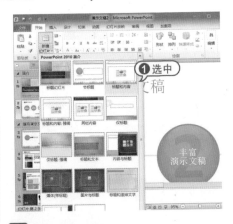

2 通过右击插入

在幻灯片预览窗格中，选择一张幻灯片，右击该幻灯片，从弹出的快捷菜单中选择【新建幻灯片】命令，即可在选择的幻灯片之后插入一张新的幻灯片。

3 通过键盘操作插入

通过键盘操作插入幻灯片的方法是最为快捷的方法。在幻灯片预览窗格中，选择一张幻灯片，然后按Enter键，即可插入一张新的幻灯片。

9.2.3 移动和复制幻灯片

PowerPoint 2010支持以幻灯片为对象的移动和复制操作，可以将整张幻灯片及其内容进行移动或复制。

1 移动幻灯片

在制作演示文稿时，如果需要重新排列幻灯片的顺序，就需要移动幻灯片。

移动幻灯片的操作方法如下：选中需要移动的幻灯片，在【开始】选项卡的【剪贴板】选项组中单击【剪切】按钮 。在需要移动的目标位置单击，然后在【开始】选项卡的【剪贴板】选项组中单击【粘贴】按钮。

在普通视图或幻灯片浏览视图中，直接用鼠标对幻灯片进行选择拖动，就可以实现幻灯片的移动。

2 复制幻灯片

在制作演示文稿时，有时会需要两张内容基本相同的幻灯片。此时，可以利用幻灯片的复制功能，复制出一张相同的幻灯片，然后对其进行适当的修改。复制幻灯片的方法如下：选中需要复制的幻灯片，在【开始】选项卡的【剪贴板】组中单击【复制】按钮 ，然后在需要插入幻灯片的位置单击，然后在【开始】选项卡的【剪贴板】组中单击【粘贴】按钮。

9.2.4 删除幻灯片

在演示文稿中删除多余幻灯片是清除大量冗余信息的有效方法。删除幻灯片的方法主要有以下几种：

- 选中需要删除的幻灯片，直接按下Delete键。
- 用鼠标右击需要删除的幻灯片，从弹出的快捷菜单中选择【删除幻灯片】命令。
- 选中幻灯片，在【开始】选项卡的【剪贴板】组中单击【剪切】按钮。

9.3 编辑幻灯片中的文本

输入幻灯片的文本是演示文稿中至关重要的部分，文本对演示文稿中的主题、问题的说明与阐述具有其他方式不可替代的作用。

9.3.1 添加文本

在PowerPoint 2010中，不能直接在幻灯片中输入文字，只能通过占位符或文本框来添加文本。

1 使用占位符添加文本

占位符是PowerPoint 2010中预先设置好的具有一定格式的文本框，PowerPoint 2010的许多模板中都包含标题、正文和项目符号列表的文本占位符。单击占位符，

激活该区域，就可以在其中输入文本。

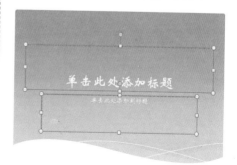

【例9-2】打开"课件"演示文稿，在空白占位符中输入幻灯片文本。

视频+素材 (光盘素材\第09章\例9-2)

01 启动PowerPoint 2010，打开一个名为"课件"的演示文稿文档，自动显示第1张幻灯片。单击【单击此处添加标题】文本占位符的内部，此时占位符中将出现闪烁的光标。

02 切换中文输入法，输入文本"《致橡树》"。

03 在幻灯片预览窗口中选择第2张幻灯片缩略图，将显示在幻灯片编辑窗格中。

04 分别在【单击此处添加标题】和【单击此处添加文本】占位符中输入文本。

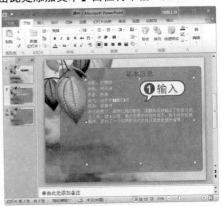

05 切换至第3张幻灯片，在【单击此处添加标题】和【单击此处添加文本】占位符中输入文本。

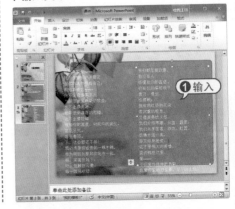

06 在快速工具栏中单击【保存】按钮🔲，保存演示文稿。

2 使用文本框添加文本

　　文本框是一种可移动、可调整大小的文字容器，它与文本占位符非常相似。使用文本框可以在幻灯片中放置多个文字块，使文字按照不同的方向排列；也可以突破幻灯片版式的制约，实现在幻灯片中的任意位置添加文字信息的目的。

　　PowerPoint 2010提供了两种形式的文本框：横排文本框和垂直文本框，它们分别用来放置水平方向和垂直方向的文字。

【例9-3】在"课件"演示文稿中，添加空白幻灯片，并在其中插入横排文本框和垂直文本框。

📀视频+素材 (光盘素材\第09章\例9-3)

◀

01 启动PowerPoint 2010，打开 "课件"演示文稿。

02 在幻灯片预览窗口中选择第3张幻灯片缩略图，将其显示在幻灯片编辑窗格中。

03 在【开始】选项卡的【幻灯片】选项组中单击【新建幻灯片】下拉按钮，在弹出的下拉列表框中选择【空白】选项。

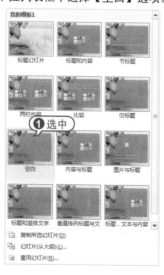

04 此时将添加一张空白幻灯片，为第4张幻灯片。

05 打开【插入】选项卡，在【文本】选项组中单击【文本框】下拉按钮，在弹出的下拉菜单中选择【横排文本框】命令。

06 移动鼠标光标到幻灯片的编辑窗口，当指针形状变为↓形状时，在幻灯片编辑窗格中按住鼠标左键并拖动，鼠标光标变成十字形状＋。当拖动形成合适大小的矩形框后，释放鼠标完成横排文本框的插入。

07 此时光标自动位于文本框内，切换至中文输入法，输入文本"作者简介"。

08 使用同样的方法，在幻灯片中绘制一个垂直文本框，在其中输入文本内容。

9.3.2 设置文本格式

在PowerPoint 2010中，当幻灯片应用了版式后，幻灯片中的文字也就有了预先定义的属性。但在很多情况下，用户仍需要按照自己的要求对文本格式重新进行设置。

【例9-4】在"课件"演示文稿中，设置文本格式，调节占位符或文本框中文本的格式。

● 视频+素材 (光盘素材\第09章\例9-4)

01 启动PowerPoint 2010，打开 "课件"演示文稿。

02 在第1张幻灯片中，选中占位符，在【开始】选项卡的【字体】选项组中，设置【字体】为【华文彩云】选项；设置【字号】为72。

03 在【字体】选项组中单击【字体颜色】下拉按钮，从弹出的菜单中选择【其他颜色】命令，打开【颜色】对话框，选择一种【深橘色】色块，单击【确定】按钮。

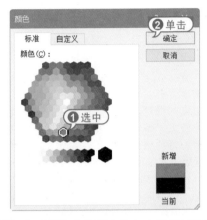

04 此时已为占位符中的文本设置了字体及颜色，效果如下图所示。

05 在幻灯片预览窗口中选择第2张幻灯片缩略图，将其显示在幻灯片编辑窗口中。

06 使用同样的操作方法，设置【单击此处添加标题】占位符中的文本字体为【华文琥珀】、字号为40；设置【单击此处添加文本】占位符中的文本字体为【隶书】、字号为20。

07 使用同样的操作方法设置第3张幻灯片中的标题文本字体为【华文琥珀】、字号为40；设置两段诗歌文本字体为【隶书】、字号为18。分别选中标题和文本占位符，拖动鼠标调节其大小和位置。

08 在幻灯片预览窗口中选择第4张幻灯片缩略图，选中横排文本框，设置文本字体为【华文琥珀】、字号为54、字体颜色为【深橘色】。选中垂直文本框，设置文本字体为【隶书】、字号为20、字体颜色为【白色，背景1】。分别选中两个文本框，调节其位置。

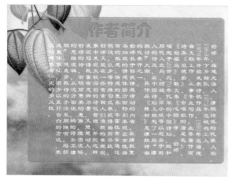

09 在快速工具栏中单击【保存】按钮 ，将"课件"演示文稿保存。

9.3.3 设置段落格式

为了使演示文稿更加美观、清晰，还可以在幻灯片中为文本设置段落格式，如缩进值、间距值和对齐方式。

【例9-5】在"课件"演示文稿中，设置段落格式。

视频+素材 (光盘素材\第09章\例9-5)

01 启动PowerPoint 2010，打开"课件"演示文稿。

02 在幻灯片预览窗口中选择第2张幻灯片缩略图，将其显示在幻灯片编辑窗口中。

03 选中【单击此处添加文本】占位符中的文本，在【开始】选项卡的【段落】选项组中，单击对话框启动器按钮 ，打开【段落】对话框的【缩进和间距】选项卡。在【行距】下拉列表框中选择【1.5倍行距】选项，单击【确定】按钮，为文本段落应用该格式。

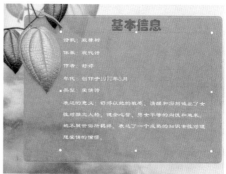

04 切换至第3张幻灯片，选中【单击此处添加标题】占位符，在【开始】选项卡的【段落】选项组中，单击【居中对齐】按钮，设置标题居中对齐。

05 切换至第4张幻灯片，选中【单击此处添加文本】占位符中的文本，在【开始】选项卡的【段落】选项组中，单击对话框启动器按钮 ，打开【段落】对话框的

【缩进和间距】选项卡。

06 在【特殊格式】下拉列表框中选择【首行缩进】选项，在其后的【度量值】微调框中输入数值【1.27厘米】，单击【确定】按钮。此时为文本框段落应用缩进值。

07 在快速工具栏中单击【保存】按钮🔲，将"课件"演示文稿保存。

9.3.4 添加项目符号和编号

在演示文稿中，为了使某些内容更为醒目，经常要用到项目符号和编号。这些项目符号和编号用于强调一些特别重要的观点或条目，从而使主题更加美观、突出、分明。下面以添加项目符号为例介绍使用项目符号和编号的方法。

【例9-6】在"课件"演示文稿中，为文本段落添加项目符号。

视频+素材 (光盘素材\第09章\例9-6)

01 启动PowerPoint 2010，打开"课件"演示文稿。

02 在幻灯片预览窗口中选择第2张幻灯片缩略图，将其显示在幻灯片编辑窗口中。

03 选中【单击此处添加文本】占位符中的文本，在【开始】选项卡的【段落】选项组中，单击【项目符号】下拉按钮，从弹出的下拉菜单中选择【项目符号和编号】命令。

04 打开【项目符号和编号】对话框，在【项目符号】选项卡中单击【图片】按钮。

05 打开【图片项目符号】对话框，选择一种图片，单击【确定】按钮。

06 返回【项目符号和编号】对话框，显示图片项目符号的样式，并在【大小】文本框中输入100，单击【确定】按钮。

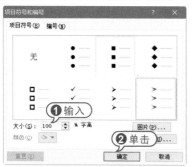

07 此时将为文本段应用该图片项目符号，效果如下图所示。

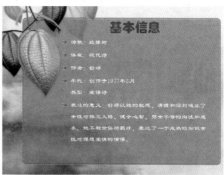

9.4 插入修饰元素

在PowerPoint 2010中，可以在幻灯片中插入图片、表格、视频等多媒体对象，使其页面效果更加丰富。

9.4.1 插入艺术字

艺术字是一种特殊的图形文字，常被用来表现幻灯片的标题文字。插入艺术字后，可以对艺术字进行编辑操作。

【例9-7】创建"蒲公英介绍"演示文稿，在其中插入艺术字。

📀 视频+素材 (光盘素材\第09章\例9-7)

01 启动PowerPoint 2010，使用一个现成的绿色模板来创建"蒲公英介绍"演示文稿。

02 在幻灯片预览窗口中选择第2张幻灯片缩略图，将其显示在幻灯片编辑窗口中，按Ctrl+A快捷键，选中所有的占位符，按Delete键，删除占位符。

03 打开【插入】选项卡，在【文本】组中单击【艺术字】按钮，从弹出的列表框中选择第6行、第5列的样式，即可在第2张幻灯片中插入该样式的艺术字。

04 在【请在此处放置您的文字】占位符中输入文字，拖动鼠标调整艺术字的位置。

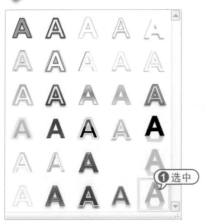

05 使用同样的操作方法，删除第3张幻灯片中的所有文本占位符，并在其中创建相同样式的艺术字。

06 切换至第4张幻灯片，在【单击此处添加标题】占位符中输入文本，设置其字体为【华文琥珀】、字号为60、字体颜色为【绿色】。选中【单击此处添加文本】占位符，按Delete键，将其删除。

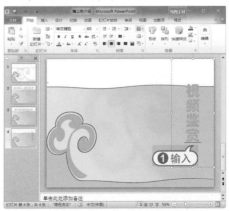

07 使用同样的操作方法，切换至第1张幻灯片。在占位符中输入文本。

08 在快速工具栏中单击【保存】按钮 🔲，将"蒲公英介绍"演示文稿保存。

9.4.2 插入图片

在演示文稿中插入图片，可以更生动形象地阐述其主题和要表达的思想。在插入图片时，要充分考虑幻灯片的主题，使图片和主题和谐一致。

1 插入剪贴画

要插入剪贴画，可以在【插入】选项卡的【插图】组中，单击【剪贴画】按钮，打开【剪贴画】任务窗格，在剪贴画预览列表中单击剪贴画，即可将其添加到幻灯片中。

2 插入截图

和其他Office组件一样，PowerPoint 2010也新增了屏幕截图功能。打开要截取的图片所在的位置，切换至演示文稿窗口。打开【插入】选项卡，在【图像】组中单击【屏幕截图】按钮，从弹出的菜单中选择【屏幕剪辑】命令，此时将自动切换到图片视窗中，然后按住鼠标左键并拖动截取图片，释放鼠标，即可完成截图操作。

3 插入电脑中的图片

如果要向幻灯片中插入电脑中的图片，首先打开【插入】选项卡，在【图像】组中单击【图片】按钮，打开【插入图片】对话框，选择需要的图片后，单击【插入】按钮，即可将图片插入幻灯片中。

【例9-8】在"蒲公英介绍"演示文稿中插入剪贴画和图片。

🎬 视频+素材 (光盘素材\第09章\例9-8)

----

01 启动PowerPoint 2010，打开"蒲公英介绍"演示文稿。

02 打开【插入】选项卡，在【图像】组中单击【剪贴画】按钮，打开【剪贴画】任务窗格。在【搜索文字】文本框中输入"蒲公英"，单击【搜索】按钮，即可在其下列表框中显示剪贴画，单击所需的剪贴画，将其添加到幻灯片中。

03 拖动鼠标调整剪贴画的大小和位置，效果如下图所示。

04 在幻灯片预览窗口中选择第2张幻灯片缩略图,将其显示在幻灯片编辑窗口中。

05 在【图像】组中,单击【图片】按钮,打开【插入图片】对话框,选中要插入的图片,单击【插入】按钮。

06 拖动鼠标调整剪贴画的大小和位置,效果如下图所示。

07 同时选中两张图片,打开【图片工具】的【格式】选项卡,在【图片样式】组中单击【其他】按钮▾,从弹出的列表框中选择一种样式。

08 此时单击【确定】按钮,快速应用该样式,效果如下图所示。

09 在快速工具栏中单击【保存】按钮▣,将"蒲公英介绍"演示文稿保存。

9.4.3 插入表格

使用PowerPoint制作一些专业型演示文稿时,通常需要使用表格,例如销售统计表、财务报表等。表格采用行列化的形式,它与幻灯片页面文字相比,更能体现出数据的对应性及内在的联系。

【例9-9】在"蒲公英介绍"演示文稿中插入表格。
⊙视频+素材,(光盘素材\第09章\例9-9)

------

01 启动PowerPoint 2010,打开"蒲公英介绍"演示文稿。

02 在幻灯片预览窗口中选择第3张幻灯片缩略图,将其显示在幻灯片编辑窗口中。

03 打开【插入】选项卡,在【表格】组中单击【表格】下拉按钮,从弹出的菜单中选择【插入表格】命令。

04 打开【插入表格】对话框,在【列数】和【行数】文本框中分别输入2和5,单击【确定】按钮。

05 此时将在幻灯片中插入一个5行2列的表格，输入表格内容，并拖动鼠标调节其大小和位置。

06 打开【表格工具】的【设计】选项卡，在【表格】组中单击【其他】按钮，在弹出的列表框中选择一种淡色表格样式。

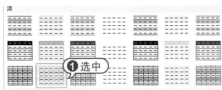

07 此时显示为之设置的表格样式，效果入如下图所示。

08 在快速工具栏中单击【保存】按钮，将"蒲公英介绍"演示文稿保存。

9.4.4 插入音频和视频

在PowerPoint 2010中可以方便地插入音频和视频等多媒体对象，使用户的演示文稿从画面到声音，多方位地向观众传递信息。

1 插入音频

打开【插入】选项卡，在【媒体】组中单击【音频】下拉按钮，在弹出的下拉菜单中选择【剪辑画音频】命令。此时PowerPoint将自动打开【剪贴画】任务窗格，该窗格显示了剪辑中所有的声音，单击某个声音文件，即可将该声音文件插入到幻灯片中。

用户还可以插入文件中的声音，可以在【音频】下拉菜单中选择【文件中的音频】命令，打开【插入音频】对话框，从该对话框中选择需要插入的声音文件，然后单击【插入】按钮，即可将其插入到幻灯片中。

2 插入视频

打开【插入】选项卡，在【媒体】选项组中单击【视频】下拉按钮，在弹出的下拉菜单中选择【剪辑画视频】命令，此时PowerPoint将自动打开【剪贴画】任务窗格。该任务窗格显示了剪辑中所有的视频或动画，单击某个动画文件，即可将该剪辑文件插入到幻灯片中。

很多情况下，PowerPoint剪辑库中提供的影片并不能满足用户的需要，这时可以选择插入来自文件中的影片。单击【视频】下拉按钮，在弹出的菜单中选择【文件中的视频】命令，打开【插入视频文件】对话框。选择视频文件，单击【插入】按钮即可。

【例9-10】在"蒲公英介绍"演示文稿中插入音频和视频。
🔵 视频+素材 (光盘素材\第09章\例9-10)

01 启动PowerPoint 2010，打开"蒲公英介绍"演示文稿，自动打开第1张幻灯片。

02 打开【插入】选项卡，在【媒体】选项组中单击【音频】下拉按钮，从弹出的菜单中选择【文件中的音频】命令，打开【插入音频】对话框。选择需要插入的声音文件，单击【插入】按钮，即可插入声音。

03 此时幻灯片中将出现声音图标，使用鼠标将其拖动到该项幻灯片的左下方。

04 选择第4张幻灯片，打开【插入】选项卡，在【媒体】组中单击【视频】下拉按钮，从弹出的下拉菜单中选择【文件中的视频】命令，打开【插入视频】对话框。选择视频文件，然后单击【插入】按钮。

05 此时即可插入视频，并调节其大小和位置。

06 打开【视频工具】的【播放】选项卡，在【视频选项】组中单击【开始】下拉按钮，从弹出的下拉列表中选择【自动】命令，为视频应用自动播放效果。

07 单击视频播放按钮，开始播放视频，测试播放效果。

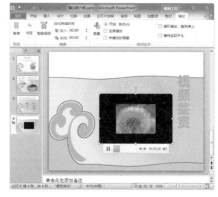

08 在快速工具栏中单击【保存】按钮，将"蒲公英介绍"演示文稿保存。

9.5 进阶实战

本章的进阶实战部分为制作宣传展示演示文稿这个综合实例操作，用户通过练习从而巩固本章所学知识。

【例9-11】制作"新型机械宣传展示"演示文稿，并插入声音和视频。
🎬视频+素材 (光盘素材\第09章\例9-11)

01 启动PowerPoint 2010应用程序，打开一个空白演示文稿。

02 单击【文件】按钮，在弹出的【文件】菜单中选择【新建】命令，然后在中间的模板窗格中选择【我的模板】选项。

03 打开【新建演示文稿】对话框，选择【模板1】选项，单击【确定】按钮。

04 此时即可新建一个基于模板的文档，将其以"新型机械宣传展示"为名保存。

05 在【单击此处添加标题】文本占位符中输入"三滚筒清棉机"，设置其字体为【华文琥珀】、字号为48、字形为【阴影】；在【单击此处添加副标题】文本占位符中输入文本，设置其字号为32、字形为【加粗】、字体颜色为【黑色】。

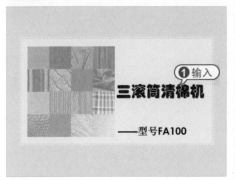

06 打开【插入】选项卡，在【媒体】组中单击【音频】下拉按钮，从弹出的下拉菜单中选择【文件中的音频】命令，打开【插入音频】对话框。

07 打开文件路径，选择音频文件，单击【插入】按钮。

08 此时将该音频文件插入到幻灯片中，拖动音频图标至合适的位置。

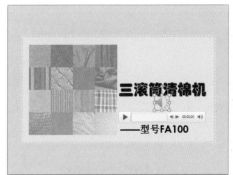

09 选中音频图标，打开【音频工具】的【播放】选项卡，在【编辑】组中单击【剪裁音频】按钮。

10 打开【剪裁音频】对话框，拖动绿色和红色滑块设置音频的开始时间和结束时间，单击中间的【播放】按钮，试听剪裁后的音频。

11 单击【确定】按钮，完成剪裁工作。

12 打开【插入】选项卡，在【媒体】组中单击【视频】下拉按钮，从弹出的下拉菜单中选择【剪贴画视频】命令，打开【剪贴画】任务窗格，显示所有的视频文件。

13 在列表框中单击要插入的剪贴画视频，将其插入到幻灯片中，拖动鼠标调节其大小和位置。

14 在幻灯片预览窗口中选择第2张幻灯片缩略图，将其显示在幻灯片编辑窗口中。

15 在【单击此处添加标题】文本占位符中输入"工作效果图"，设置其字体为【华文琥珀】、字号为44、字形为【阴影】。

16 在【单击此处添加文本】占位符中单击【插入媒体剪辑】按钮，打开【插入视频文件】对话框。

17 选择要插入的视频文件，单击【插入】按钮，将其插入到第2张幻灯片中。

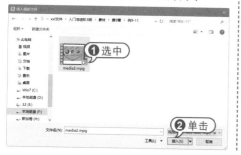

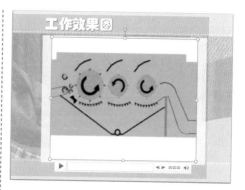

18 打开【视频工具】的【格式】选项卡，在【大小】组中单击【剪裁】按钮。

19 进入视频大小裁剪状态，拖动周边的控制条裁剪视频画面。

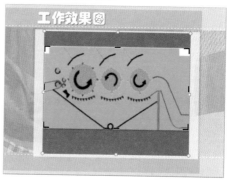

20 裁剪完毕后，在幻灯片任意处双击，退出裁剪状态，显示裁剪后的视频效果。

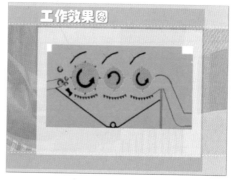

21 选中视频，在【格式】选项卡的【视频样式】组中单击【其他】按钮，从弹出的列表框中选择【棱台映像】选项，为视

频快速应用该样式。

22 打开【视频工具】的【播放】选项卡，在【视频选项】组中单击【音量】下拉按钮，从弹出下拉菜单中选择【低】选项，然后选中【循环播放，直到停止】复选框，设置在放映幻灯片的过程中，影片会自动循环播放，直到放映下一张幻灯片或停止放映为止。

23 打开【开始】选项卡，在【幻灯片】组中单击【新建幻灯片】按钮，即可在演示文稿中添加第3张幻灯片。

24 在标题占位符中输入"主要技术参数"，设置其字体为【华文琥珀】、字号为44、字形为【阴影】；在文本占位符中

输入文本，设置其字号为32。

主要技术参数 ①输入

- 开松度：开松后棉束平均重量比原棉减轻80.67%，极差9.15，均方差1.63。
- 除杂效率：原棉含杂2.15时，实际除杂效率为52.86。
- 工作效率：采用本设备后，可缩短工艺流程，美10000纱锭生产能力配置可节约占地面积20.76平方米，每年节约电能62302.5千瓦时。

25 在【开始】选项卡的【幻灯片】组中单击【新建幻灯片】下拉按钮，在弹出的下拉列表中选择【空白】选项。

26 此时即可添加第4张幻灯片，在其中并没显示任何占位符。

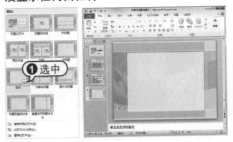

27 打开【插入】选项卡，在【图像】组中单击【图片】按钮，打开【插入图片】对话框。

28 选中图片和GIF格式的动态图片，单击【插入】按钮，将其插入至第4张幻灯片中。

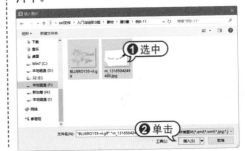

29 调节2张图片的位置，选中GIF图片，打开【图片工具】的【格式】选项卡，在【排列】组中单击【上移一层】下拉按钮，从弹出的下拉菜单中选择【置于顶层】命令，将其放置在最顶层显示。

① 设置

30 在演示文稿窗口的状态栏中单击【幻灯片浏览】按钮，切换至幻灯片浏览视图，以缩略图的方式查看制作的幻灯片。

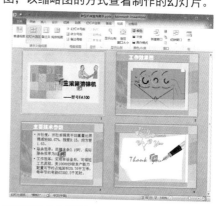

进阶技巧

如果在幻灯片中插入的影片文件很大，则需要单独保存。一旦移动该文件的位置或重命名该文件，幻灯片中的影片将无法打开。另外，剪辑管理器中的影片其实就是动态的GIF格式的图片。

31 在快速访问工具栏中单击【保存】按钮，将制作好的"新型机械宣传展示"演示文稿保存。

9.6 疑点解答

● 问：PowerPoint 2010支持的声音文件类型有哪些？

答：PowerPoint 2010中支持插入的声音文件类型包括.wav声音文件、.wma媒体播放文件、MP3音频文件(.mp3、.m3u等)、AIFF音频文件(.aif、.aiff等)、AU音频文件(.au、.snd等)、MIDI文件(.midi、.mid等)。

● 问：如何管理音频和视频书签？

答：在PowerPoint 2010中，用户可以为音频或视频添加时间节点，通过节点来精确地查找音频或视频的播放时间，以对其进行剪裁。选中视频后，用户即可播放视频，然后打开【视频工具】的【播放】选项卡。在【书签】组中单击【添加书签】按钮，即可将当前播放的视频位置设置为书签。一个视频文件可以添加多个书签。另外，PowerPoint还允许用户删除音频或视频中已添加的书签。选中视频中的书签，然后打开【视频工具】的【播放】选项卡，在【书签】组中打开【删除书签】按钮，即可将选中的书签删除。

需要注意的是：为音频添加和删除书签的方法与为视频添加和删除书签的方法相同。

选中音频后,打开【音频工具】的【播放】选项卡,在【书签】组中单击【添加书签】或【删除书签】按钮,执行相应的操作。

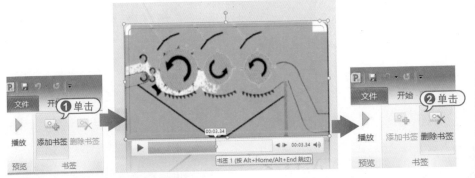

● 问:如何在幻灯片中插入图表?

答:插入图表的方法与插入图片的方法类似,在功能区打开【插入】选项卡,在【插图】组中单击【图表】按钮,打开【插入图表】对话框。选择一种图表类型,单击【确定】按钮,此时打开Excel 2010应用程序,在其工作界面中修改类别值和系列值。然后关闭Excel 2010应用程序,此时图表将被添加到幻灯片中。

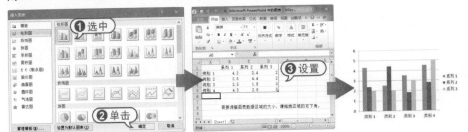

第10章

幻灯片动画美化设计

在设计幻灯片时，可以使用PowerPoint提供的预设格式以及特殊的动画效果，制作出具有专业效果的演示文稿。本章将介绍利用PowerPoint 2010美化幻灯片的有关内容和技巧。

对应光盘视频

例10-1 设置母版版式
例10-2 插入页脚
例10-3 设置主题颜色
例10-4 设置背景
例10-5 设置进入动画
例10-6 设置强调动画

例10-7 设置退出动画
例10-8 设置动作路径
例10-9 设置动画计时选项
例10-10 添加切换动画
例10-11 设置动画选项
例10-12 设计幻灯片

10.1 设置幻灯片母版

幻灯片母版决定着幻灯片的外观，用于设置幻灯片的标题、正文文字等样式，包括字体、字号、字体颜色、阴影等效果，也可以设置幻灯片的背景对象、页眉和页脚等内容。

10.1.1 母版的类型

为了使演示文稿中的每一张幻灯片都具有统一的版式和格式，PowerPoint 2010通过母版来控制幻灯片中不同部分的表现形式。

PowerPoint 2010提供了3种母版，即幻灯片母版、讲义母版和备注母版。

● 幻灯片母版：幻灯片母版是存储模板信息的设计模板的一个元素。幻灯片母版中的信息包括字形、占位符大小和位置、背景设计和配色方案。用户通过更改这些信息，即可更改整个演示文稿中幻灯片的外观。打开【视图】选项卡，在【母版视图】选项组中单击【幻灯片母版】按钮，打开幻灯片母版视图，此时自动打开【幻灯片母版】选项卡。

进阶技巧

在幻灯片母版视图下，可以看到所有区域，如标题占位符、副标题占位符以及母版下方的页脚占位符。当改变了这些占位符的属性后，所有应用该母版的幻灯片的属性也将随之改变。

● 讲义母版：讲义母版是为制作讲义而准备的，通常需要打印输出，因此讲义母版的设置大多和打印页面有关。它允许设置一页讲义中包含几张幻灯片，设置页眉、页脚、页码等基本信息。在讲义母版中插入新的对象或者更改版式时，新的页面效果不会反映在其他母版视图中。打开【视图】选项卡，在【母版视图】组中单击【讲义母版】按钮，打开讲义母版视图。此时功能区自动打开【讲义母版】选项卡。

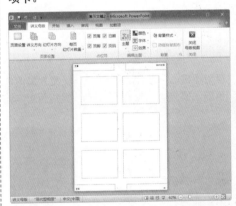

进阶技巧

在讲义母版视图中，包含4个占位符，即页面区、页脚区、日期区以及页码区。另外，页面上还包含虚线边框，这些边框表示每页所包含的幻灯片缩略图的数目。用户可以使用【讲义母版】选项卡，单击【页面设置】组的【每页幻灯片数量】按钮，在弹出的菜单中选择幻灯片的数目选项。

备注母版：主要用来设置幻灯片的备注格式，一般也是用来打印输出的，所以备注母版的设置大多也和打印页面有关。在备注母版视图中，可以设置或修改幻灯片内容、备注内容及页眉和页脚内容在页面中的位置、比例及外观等属性。当用户退出备注母版视图时，对备注母版所做的修改将应用到演示文稿中的所有备注页上。只有在备注视图下，对备注母版所做的修改才能表现出来。

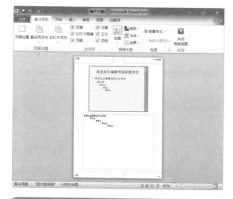

进阶技巧

无论在幻灯片母版视图、讲义母版视图还是备注母版视图中，如果要返回到普通模式，只需要在默认打开的功能区中单击【关闭母版视图】按钮即可。

10.1.2 设置母版版式

在PowerPoint 2010中创建的演示文稿都带有默认的版式，这些版式一方面决定了占位符、文本框、图片和图表等内容在幻灯片中的位置，另一方面决定了幻灯片中文本的样式。因此，用户可以按照自己的需求修改母版版式。

【例10-1】创建"自定义母版"演示文稿，设置版式和文本格式。

视频+素材 (光盘素材\第10章\例10-1)

01 启动PowerPoint 2010程序，新建名为"自定义母版"的演示文稿。

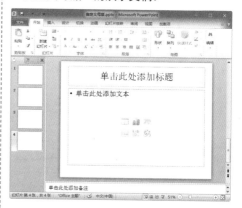

02 打开【视图】选项卡，在【母版视图】组中单击【幻灯片母版】按钮，切换到幻灯片母版视图。

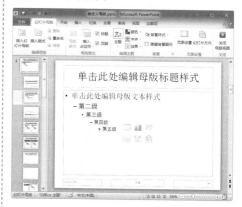

03 选中【单击此处编辑母版标题样式】占位符，右击其边框，在打开的浮动工具栏中设置字体为【华文隶书】、字号为60、字体颜色为【橙色，强调文字颜色6，深色25%】、字形为【加粗】。

04 选中【单击此处编辑母版副标题样式】占位符，右击其边框，在打开的浮动工具栏中设置字体为【华文行楷】、字号为40、字体颜色为【蓝色】、字形为【加粗】，并调节其大小。

05 在左侧预览窗格中选择第3张幻灯片，将该幻灯片母版显示在编辑区域。

06 打开【插入】选项卡，在【图像】组中单击【图片】按钮，打开【插入图片】对话框，选择要插入的图片，单击【插入】按钮。

07 此时，在幻灯片中插入图片，并打开【图片工具】的【格式】选项卡，调整图片的大小和位置，然后在【排列】组中单击【下移一层】下拉按钮，选择【置于底层】命令。

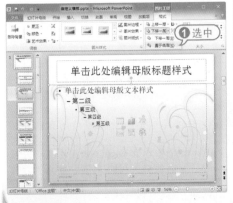

08 打开【幻灯片母版】选项卡，在【关闭】组中单击【关闭母版视图】按钮，返回到普通视图模式。

10.1.3 添加页眉和页脚

　　在制作幻灯片时，使用PowerPoint提供的页眉页脚功能，可以为每张幻灯片添加相对固定的信息。

　　要插入页眉和页脚，只需在【插入】选项卡的【文本】选项组中单击【页眉和页脚】按钮，打开【页眉和页脚】对话框，在其中进行相关操作即可。插入页眉和页脚后，可以在幻灯片母版视图中对其格式进行统一设置。

【例10-2】在"自定义母版"演示文稿中插入页脚，并设置其格式。
📀视频+素材 (光盘素材\第10章\例10-2)

01 启动PowerPoint 2010程序，打开"自定义母版"演示文稿。

02 打开【插入】选项卡，在【文本】组中单击【页眉和页脚】按钮，打开【页眉和页脚】对话框。选中【日期和时间】、【幻灯片编号】、【页脚】、【标题幻灯片中不显示】复选框，并在【页脚】文本框中输入文本，单击【全部应用】按钮，为除第1张幻灯片以外的其他幻灯片添加页脚。

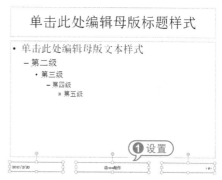

【幼圆】、字形为【加粗】、字体颜色为【深蓝色，文字2，深色25%】。

03 打开【视图】选项卡，在【母版视图】组中单击【幻灯片母版】按钮，切换到幻灯片母版视图，在左侧预览窗格中选择第1张幻灯片，将其显示在编辑区域。

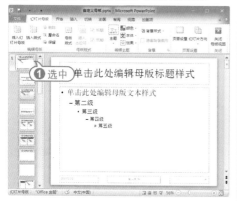

04 选中所有的页脚文本框，设置字体为

05 打开【幻灯片母版】选项卡，在【关闭】组中单击【关闭母版视图】按钮，返回到普通视图模式。

10.2 设置幻灯片主题和背景

PowerPoint 2010提供了多种主题颜色和背景样式，使用这些主题颜色和背景样式，可以使幻灯片具有丰富的色彩和良好的视觉效果。

10.2.1 设置幻灯片主题

幻灯片主题是应用于整个演示文稿的各种样式的集合，包括颜色、字体和效果三大类。PowerPoint 2010预置了多种主题供用户选择。

在PowerPoint 2010中，打开【设计】选项卡，在【主题】组中单击【其他】按钮，从弹出的列表中选择预置的主题即可。此外，用户还可以细化设置主题的颜色、字体以及效果等。

1 设置主题颜色

PowerPoint2010提供了多种预置的主题颜色供用户选择。在【设计】选项卡的【主题】组中单击【颜色】按钮■颜色▼，在弹出的菜单中选择主题颜色。

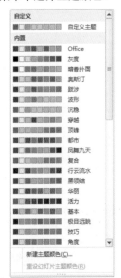

　　若选择【新建主体颜色】命令，打开【新建主题颜色】对话框。在该对话框中可以为各种类型的内容设置不同的颜色。设置完成后，在【名称】文本框中输入名称，单击【保存】按钮，将其添加到【主题颜色】菜单中。

【例10-3】在"自定义母版"演示文稿中设置主题颜色。
视频+素材 (光盘素材\第10章\例10-3)

01 启动PowerPoint 2010程序，打开"自

定义母版"演示文稿。

02 打开【设计】选项卡，在【主题】组中单击【颜色】按钮，从弹出的主题颜色菜单中选择【沉稳】内置样式，自动为幻灯片应用该主题颜色。

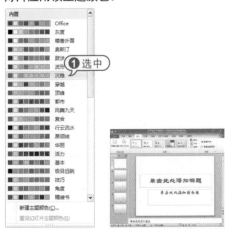

03 在【主题】组中单击【颜色】按钮，从弹出的菜单中选择【新建主题颜色】命令，打开【新建主题颜色】对话框。在【文字/背景-深色1】选项右侧单击颜色下拉按钮，从弹出的面板中选择【其他颜色】选项，打开【自定义】选项卡，在【红色】、【绿色】和【蓝色】微调框中分别输入25、150和48，单击【确定】按钮。

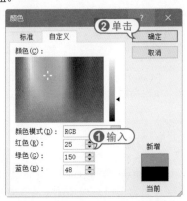

04 返回到【新建主题颜色】对话框，在【名称】文本框中输入"自定义主题"，单击【保存】按钮，完成自定义设置。

05 在【主题】选项组中单击【颜色】按钮，从弹出的主题颜色菜单中可以查看自定义的主题，选择该主题样式，将其应用到幻灯片中。

2 设置主题字体

字体也是主题中的一种重要元素。在【设计】选项卡的【主题】组中单击【主题字体】按钮 字体 ，从弹出的菜单中选择预置的主题字体。

若选择【新建主题字体】命令，打开【新建主题字体】对话框，在其中可以设置标题字体、正文字体等属性。

3 设置主题效果

主题效果是PowerPoint预置的一些图形元素以及特效。在【设计】选项卡的【主题】组中单击【主题效果】按钮 效果 ，从弹出的菜单中选择预置的主题效果样式。

10.2.2 设置幻灯片背景

用户除了在应用模板或改变主题颜色时更改幻灯片的背景外，还可以根据需要任意更改幻灯片的背景颜色和背景设计，如添加底纹、图案、纹理或图片等。

打开【设计】选项卡，在【背景】组中单击【背景样式】按钮，在弹出的菜单中选择需要的背景样式，即可快速应用PowerPoint自带的背景样式；选择【设置背景格式】命令，打开【设置背景格式】对话框。在该对话框中可以设置背景的填充样式、渐变以及纹理、图案填充背景等。

【例10-4】在"自定义母版"演示文稿中设置背景。

视频+素材 (光盘素材\第10章\例10-4)

01 启动PowerPoint 2010程序，打开"自定义母版"演示文稿。

02 打开【设计】选项卡，在【背景】组中单击【背景样式】按钮，从弹出的背景样式列表框中选择【设置背景格式】命令。

03 打开【设置背景格式】对话框，打开【填充】选项卡，选中【图案填充】单选按钮，在【前景色】颜色面板中选择【浅绿】色块，然后在【图案】列表框中选择一种图案样式，单击【全部应用】按钮。

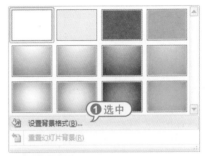

04 此时，即可将该图案背景样式应用到演示文稿中的每张幻灯片中。

05 打开【设置背景格式】对话框，选中【图片或纹理填充】单选按钮，单击【文件】按钮。

06 打开【插入图片】对话框，选择一张图片，单击【插入】按钮，将图片插入到选中的幻灯片中。

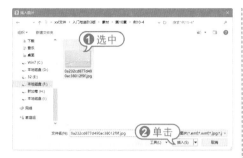

07 返回至【设置背景格式】对话框，单击【关闭】按钮。此时幻灯片背景效果如下图所示。

10.3 添加幻灯片动画效果

在PowerPoint中，可以设置幻灯片的动画效果。所谓动画效果，是指为幻灯片内部各个对象设置的动画效果。用户可以对幻灯片中的文字、图形、表格等对象添加不同的动画效果，如进入动画、强调动画、退出动画和动作路径动画等。

10.3.1 添加进入动画效果

进入动画是指设置文本或其他对象以多种动画效果进入放映屏幕。在添加该动画效果之前需要先选中对象。对于占位符或文本框来说，选中占位符、文本框和进入其文本编辑状态时，都可以添加该动画效果。

选中对象后，打开【动画】选项卡，单击【动画】组中的【其他】按钮，在弹出的【进入】列表框中选择一种进入效果，即可为对象添加该动画效果。选择【更多进入效果】命令，将打开【更改进入效果】对话框，在该对话框中可以选择更多的进入动画效果。

【例10-5】为"丽江之旅"演示文稿中的对象设置进入动画。
🎬视频+素材 (光盘素材\第10章\例10-5)

01 启动PowerPoint 2010应用程序，打开"丽江之旅"演示文稿，在打开的第1张幻灯片中选中标题占位符，打开【动画】选项

卡，单击【动画】组中的【其他】按钮，从【进入】列表框中选择【弹跳】选项。

02 对正标题文字应用【弹跳】进入效果，同时预览进入效果，选中副标题占位符，在【高级动画】组中单击【添加动画】按钮，从弹出的菜单中选择【更多进入效果】命令。

03 打开【更改进入效果】对话框，在【温和型】选项区域选择【下浮】选项，单击【确定】按钮，为副标题文字应用【下浮】进入效果。

04 选择【插入】选项卡，在【图像】组中单击【图片】选项，在弹出的【插入图片】对话框中，选择一张图片，单击【插入】按钮，调整该图片的大小和位置。

05 选中图片，单击【动画】组中的【其他】按钮 ，从弹出的菜单中选择【更多进入效果】选项，打开【更改进入效果】对话框，在【基本型】选项区域选择【轮子】选项，单击【确定】按钮。

06 在【动画】组中单击【效果选项】下拉按钮，从弹出的下拉列表中选择【3轮辐图案】选项，为【轮子】动画设置进入效果属性。

07 完成第1张幻灯片中对象的进入动画的设置，在幻灯片编辑窗口中以编号来显示标记对象。

[08] 在快速工具栏中单击【保存】按钮 ![保存图标]，保存设置进入效果后的"丽江之旅"演示文稿。

口中。

10.3.2 添加强调动画效果

强调动画是为了突出幻灯片中的某部分内容而设置的特殊动画效果。添加强调动画的过程和添加进入效果大体相同，选择对象后，在【动画】组中单击【其他】按钮 ▼，在弹出的【强调】列表框中选择一种强调效果，即可为对象添加该动画效果。选择【更多强调效果】命令，将打开【更改强调效果】对话框，在该对话框中可以选择更多的强调动画效果。

另外，在【高级动画】组中单击【添加动画】按钮，同样可以在弹出的【强调】列表框中选择一种强调动画效果。若选择【更多强调效果】命令，则打开【添加强调效果】对话框，在该对话框中同样可以选择更多的强调动画效果。

【例10-6】为"丽江之旅"演示文稿中的对象设置强调动画。

![视频+素材图标] (光盘素材\第10章\例10-6)

----

[01] 启动PowerPoint 2010，打开"丽江之旅"演示文稿，在幻灯片缩略窗口中选中第5张幻灯片，将其显示在幻灯片编辑窗

[02] 选中文本占位符，在打开的【动画】组中单击【其他】按钮 ▼，在弹出的【强调】列表框中选择【画笔颜色】选项，为文本添加该强调效果，并预览该效果。

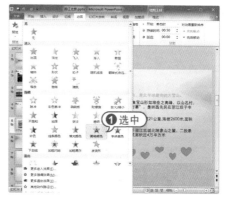

[03] 此时，文本占位符中的每段项目文本将自动编号。

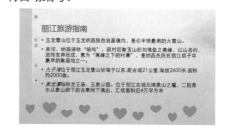

[04] 选中标题占位符，在【高级动画】组中单击【添加动画】按钮，同样可以在弹出的菜单中选择【更多强调效果】命令。打开【添加强调效果】对话框，在【细微型】选项区域选择【补色】选项，单击【确定】按钮，完成添加强调效果的设置。

05 使用同样的操作方法，为第2和第3张幻灯片的标题占位符应用【补色】强调效果。

06 在快速工具栏中单击【保存】按钮，保存设置强调效果后的"丽江之旅"演示文稿。

10.3.3 添加退出动画效果

退出动画是为了设置幻灯片中的对象退出屏幕的效果。添加退出动画的过程和添加进入、强调动画效果基本相同。

选中需要添加退出效果的对象，在【高级动画】组中单击【添加动画】按钮，在弹出的【退出】列表框中选择一种强调动画效果。若选择【更多退出效果】命令，则打开【添加退出效果】对话框，

在该对话框中可以选择更多的退出动画效果。

【例10-7】为"丽江之旅"演示文稿中的对象设置退出动画。
视频+素材 (光盘素材\第10章\例10-7)

01 启动PowerPoint 2010，打开"丽江之旅"演示文稿，在幻灯片缩略窗口中选择第5张幻灯片缩略图，将其显示在幻灯片编辑窗口中。

02 选中心形图形，在【动画】选项卡的【动画】组中单击【其他】按钮，在弹出的菜单中选择【更多退出效果】命令。打开【更改退出效果】对话框，在【华丽型】选项区域选择【飞旋】选项，单击

【确定】按钮。

03 返回至幻灯片编辑窗口，此时在心形图形前显示数字编号。

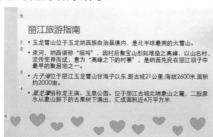

04 在快速工具栏中单击【保存】按钮 🖬，保存设置退出效果后的"丽江之旅"演示文稿。

10.3.4 添加动作路径效果

动作路径动画又称为路径动画，可以指定文本等对象沿着预定的路径运动。

添加动作路径效果的步骤与添加进入动画的步骤基本相同，在【动画】组中单击【其他】按钮，在弹出的【动作路径】列表框中选择一种动作路径效果，即可为对象添加该动画效果。若选择【其他动作路径】命令，打开【更多动作路径】对话框，可以选择其他的动作路径效果。

当PowerPoint 2010提供的动作路径不能满足用户需求时，用户可以自己绘制动作路径。在【动作路径】菜单中选择【自定义路径】选项，即可在幻灯片中拖动鼠标绘制出需要的图形，当双击鼠标时，结束绘制，动作路径出现在幻灯片中。

绘制完的动作路径起始端将显示一个绿色的▷标志，结束端将显示一个红色的◁标志，两个标志以一条虚线连接。当需要改变动作路径的位置时，只需要单击该路径拖动即可。拖动路径周围的控制点，可以改变路径的大小。

- ➤

【例10-8】为"丽江之旅"演示文稿中的对象设置动作路径。

💿 视频+素材 (光盘素材\第10章\例10-8)

◀- -

01 启动PowerPoint 2010，打开"丽江之旅"演示文稿。

02 在幻灯片预览窗口中选择第3张幻灯片缩略图，将其显示在幻灯片编辑窗口中。

03 选中右侧的心形对象，打开【动画】选项卡，在【动画】组中单击【其他】按钮，在弹出的【动作路径】列表框中选择【自定义路径】选项。

04 此时，鼠标光标变成十字形状，将鼠标光标移动到心形图形附近，拖动鼠标绘制曲线。

05 双击完成曲线的绘制，此时即可查看心形形状的动作路径。

06 查看完动画效果后，在幻灯片中显示曲线的动作路径，动作路径起始端将显示一个绿色的▷标志，结束端将显示一个红色的◁标志，两个标志以一条虚线连接。

07 选中左侧的图片，在【高级动画】组中单击【添加动画】按钮，在弹出的菜单中选择【其他动作路径】命令。

08 打开【添加动作路径】对话框，选择【向左弧线】选项，单击【确定】按钮，为图片设置动作路径。

09 选择右侧图片，在【高级动画】组中单击【添加动画】按钮，在弹出的【动作路径】列表框中选择【形状】选项，为图片应用该动作路径动画效果。

10 在幻灯片编辑窗口中将显示添加的动作路径动画数字标签。

11 在快速访问工具栏中单击【保存】按钮，保存添加动作路径后的"丽江之旅"演示文稿。

10.3.5 设置动画计时

为对象添加了动画效果后，还需要设置动画计时选项，如开始时间、持续时间等。

默认设置的动画效果在幻灯片放映屏幕中持续播放的时间只有几秒钟，同时需要单击鼠标才会开始播放下一个动画。如果默认

的动画效果不能满足用户实际需求，则可以通过【动画设置】对话框的【计时】选项卡进行动画计时选项的设置。

【例10-9】为"丽江之旅"演示文稿中的对象设置动画计时选项。

视频+素材 (光盘素材\第10章\例10-9)

01 启动PowerPoint 2010，打开 "丽江之旅"演示文稿。

02 在第1张幻灯片中，打开【动画】选项卡，在【高级动画】选项组中单击【动画窗格】按钮，打开【动画窗格】任务窗格。

03 在【动画窗格】任务窗格中选中第2个动画，在【计时】组中单击【开始】下拉按钮，从弹出的快捷菜单中选择【上一动画之后】选项。

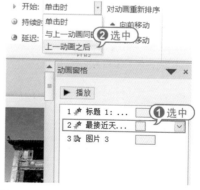

04 此时，第2个动画将在第1个动画播放

完后自动开始播放，无须单击鼠标，在幻灯片预览窗口中选择第5张幻灯片缩略图，将其显示在幻灯片编辑窗口中。

05 在【动画窗格】任务窗格中选中第2~第5个动画效果，在【计时】组中单击【开始】下拉按钮，从弹出的快捷菜单中选择【与上一动画同时】选项。

06 此时，原编号为1~5的这5个动画将合为一个动画。

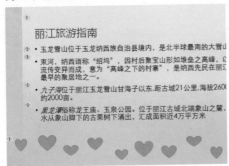

07 在【动画窗格】任务窗格中选中第3个动画效果，在【计时】选项组中单击【开始】下拉按钮，从弹出的快捷菜单中选择【上一动画之后】选项，并在【持续时间】和【延迟时间】文本框中输入01.00。

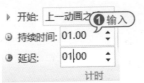

08 在【动画窗格】任务窗格中选中第1个动画效果，右击，从弹出的菜单中选择【计时】命令。

09 打开【补色】对话框的【计时】选项卡，在【期间】下拉列表中选择【中速(2秒)】选项，在【重复】下拉列表中选择【直到幻灯片末尾】选项，单击【确定】按钮。

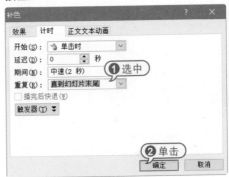

10 设置在放映幻灯片时不断放映标题占位符中的动画效果。

10.4 设置幻灯片切换效果

幻灯片切换效果是指一张幻灯片如何从屏幕上消失，以及另一张幻灯片如何显示在屏幕上。在PowerPoint 2010中，可以为一组幻灯片设置同一种切换方式，也可以为每张幻灯片设置不同的切换方式。

10.4.1 添加切换动画

要为幻灯片添加切换动画，可以打开【切换】选项卡，在【切换到此幻灯片】组中进行设置。

在该组中单击▽按钮，将打开幻灯片动画效果列表。当鼠标光标指向某个选项时，幻灯片将应用该效果，供用户预览。

下面以具体实例来介绍在PowerPoint 2010中为幻灯片设置切换动画的方法。

【例10-10】 在"丽江之旅"演示文稿中，为幻灯片添加切换动画。

🎬 视频+素材 (光盘素材\第10章\例10-10)

01 启动PowerPoint 2010，打开"丽江之旅"演示文稿，系统将自动显示第1张幻灯片。

02 打开【切换】选项卡，在【切换到此幻灯片】组中单击【其他】按钮▽，从弹出的【华丽型】切换效果列表框中选择【库】选项。

03 此时即可将【库】型切换动画应用到第1张幻灯片中，并预览该切换动画效果。

04 在【切换到此幻灯片】组中单击【效果选项】按钮，从弹出的菜单中选择【自左侧】选项。

05 此时，即可在幻灯片中预览第1张幻灯片的切换动画效果。

06 选中第2~第5张幻灯片缩略图，在【切换】选项卡的【切换到此幻灯片】组中，

单击【其他】按钮，从弹出的【细微型】切换效果列表框中选择【分割】选项。

07 此时，即可为第2~第5张幻灯片应用【分割】型切换效果。

进阶技巧

选中应用切换方案后的幻灯片，在【切换】选项卡的【预览】组中单击【预览】按钮，即可查看幻灯片的切换效果。

10.4.2 设置切换动画选项

添加切换动画后，还可以对切换动画进行设置，如设置切换动画时出现的声音效果、持续时间和换片方式等，从而使幻灯片的切换效果更为逼真。

【例10-11】在"丽江之旅"演示文稿中，设置切换声音、切换速度和换片方式。
 视频+素材 (光盘素材\第10章\例10-11)

---

01 启动PowerPoint 2010，打开 "丽江之旅"演示文稿，系统将自动显示第1张幻灯片。

02 打开【切换】选项卡，在【计时】选项组中单击【声音】下拉按钮，从弹出的下拉菜单中选择【风声】选项，为幻灯片应用该效果的声音。

03 在【计时】组中取消选中【单击鼠标时】复选框，选中【设置自动换片时间】复选框，并在其后的微调框中输入00:05.00。单击【全部应用】按钮，将设置好的计时选项应用到每张幻灯片中。

进阶技巧

在【计时】组的【换片方式】区域选中【单击鼠标时】复选框，表示在播放幻灯片时，需要在幻灯片中单击鼠标左键来换片；而取消选中该复选框，选中【设置自动换片时间】复选框，表示在播放幻灯片时，经过所设置的时间后会自动切换至下一张幻灯片，无须单击鼠标。

04 单击状态栏中的【幻灯片浏览】按钮，切换至幻灯片浏览视图，查看设置自动切片时间后的切换效果。

10.5 进阶实战

本章的进阶实战部分为设计幻灯片的切换动画和对象这个综合实例操作，用户通过练习从而巩固本章所学知识。

【例10-12】在"家装设计相册"演示文稿中设计幻灯片的切换动画和对象的运动效果。

🎬 视频+素材 (光盘素材\第10章\例10-12)

01 启动PowerPoint 2010应用程序，打开"家装设计相册"演示文稿。

02 自动显示第1张幻灯片，打开【切换】选项卡，在【切换到此幻灯片】组中单击【其他】按钮，从弹出的【华丽型】列表中选择【涟漪】选项。

03 此时即可将【涟漪】型切换动画应用到第1张幻灯片中，并自动放映该切换动画效果。

04 在【计时】组中单击【声音】下拉按钮，从弹出的下拉列表中选择【风声】选项，选中【换片方式】下的所有复选框，并设置时间为01:00.00。单击【全部应用】按钮，将设置好的效果和计时选项应用到所有幻灯片中。

05 使用同样的操作方法，切换至普通视图，在打开的第1张幻灯片中，选中正标题占位符，打开【动画】选项卡，在【动画】组中单击【其他】按钮，在弹出的【进入】效果列表中选择【轮子】选项，为标题占位符应用该进入动画效果。

06 选中副标题占位符，在【高级动画】组中单击【添加动画】按钮，在弹出的【强调】列表中选择【变淡】选项，为副标题占位符应用该强调动画效果。

07 选中图片，在【动画】组中单击【其他】按钮 ，在弹出的菜单中选择【更多进入效果】命令，打开【更改进入效果】对话框。在【细微型】选项区域选择【展开】选项，单击【确定】按钮，为图形文本框中的文本添加该进入效果。

09 使用相同的操作方法，为第2~5张幻灯片中的图片设置进入动画效果。

08 此时将在第1张幻灯片中的对象前标注编号。

10.6 疑点解答

● 问：如何为对象运动的路径编辑或增加新的节点，以更改对象的轨迹？

答：选中对象的路径，右击，从弹出的快捷菜单中选择【编辑顶点】命令，此时路径线将进入到顶点编辑状态，其上将出现若干个黑色的矩形顶点，使用鼠标选中运动路径上的任一点，然后拖动该顶点，更改对象运动路径。在运动路径上右击，从弹出的菜单中选择【添加顶点】命令，即可添加顶点。

第11章

演示文稿的放映与发布

在PowerPoint 2010中,可以选择最为理想的放映速度与放映方式,使幻灯片放映的过程流畅、明快。本章将介绍有关PowerPoint 2010放映和发布演示文稿的操作内容。

对应光盘视频

例11-1 设置排练计时
例11-2 创建自定义放映
例11-3 标注重点
例11-4 打包为CD
例11-5 发布幻灯片

例11-6 输出为PNG
例11-7 输出为PDF
例11-8 输出为视频
例11-9 使用绘图笔标注

11.1 幻灯片放映前的准备

制作完演示文稿后，用户需要进行放映前的准备，如进行排练计时、设置放映的方式和类型、设置放映内容或调整幻灯片放映的顺序等。本节将介绍幻灯片放映前的一些基本设置。

11.1.1 设置排练计时

完成演示文稿内容制作之后，可以运用PowerPoint 2010的排练计时功能来排练整个演示文稿放映的时间。在排练计时的过程中，演讲者可以确切掌握每一页幻灯片讲解需要的时间，以及整个演示文稿的总放映时间。

【例11-1】在"丽江之旅"演示文稿中设置排练计时。
📀视频+素材 (光盘素材\第11章\例11-1)

01 启动PowerPoint 2010应用程序，打开"丽江之旅"演示文稿。

02 打开【幻灯片放映】选项卡，在【设置】组中单击【排练计时】按钮。

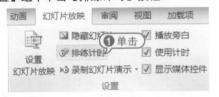

03 演示文稿将自动切换到幻灯片放映状态。与普通放映不同的是，在幻灯片左上角将显示【录制】对话框。

04 不断单击鼠标进行幻灯片的放映，此时【录制】对话框中的数据会不断更新。当最后一张幻灯片放映完毕后，系统将自动打开Microsoft PowerPoint对话框。该对话框显示幻灯片播放的总时间，并询问用户是否保留该排练时间，单击【是(Y)】按钮。

05 从幻灯片浏览视图中可以看到每张幻灯片下方均显示各自的排练时间。

11.1.2 设置放映方式

PowerPoint 2010提供了多种演示文稿的放映方式，最常用的是幻灯片页面的演示控制，主要有幻灯片的定时放映、连续放映、循环放映等。

🔵 **定时放映**：用户在设置幻灯片切换效果时，可以设置每张幻灯片在放映时停留的时间。当等待到设定的时间后，幻灯片将自动向下一张放映。打开【切换】选项卡，在【计时】选项组中选中【单击鼠标时】复选框，则用户单击鼠标或按下Enter键和空格键时，放映的演示文稿将切换到下一张幻灯片；选中【设置自动换片时间】复选框，并在其右侧的文本框中输入时间(单位为秒)后，则在演示文稿放映时，当幻灯片播放设定的秒数之后，将自动切换到下一张幻灯片。

换片方式

☐ 单击鼠标时

☑ 设置自动换片时间: 00:00.48 ‡

　计时

🔵 连续放映：在【切换】选项卡的【计时】选项组中选中【设置自动换片时间】复选框，并为当前选定的幻灯片设置自动切换时间，再单击【全部应用】按钮，为演示文稿中的每张幻灯片设定相同的切换时间，即可实现幻灯片的连续自动放映。

进阶技巧

需要注意的是，由于每张幻灯片的内容不同，放映的时间可能不同，所以设置连续放映的最常见方法是通过【排练计时】功能来完成。

🔵 循环放映：用户将制作好的演示文稿设置为循环放映，可以应用于展览会场的展台等场合，让演示文稿自动运行并循环播放。打开【幻灯片放映】选项卡，在【设置】组中单击【设置幻灯片放映】按钮，打开【设置放映方式】对话框。在【放映选项】选项区域选中【循环放映，按Esc键终止】复选框，则在播放完最后一张幻灯片后，会自动跳转到第1张幻灯片，而不是结束放映，直到用户按Esc键退出放映状态。

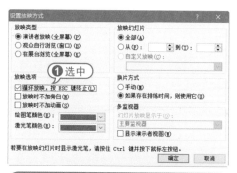

进阶技巧

在【放映选项】选项区域选中【放映时不加旁白】复选框，可以设置在幻灯片放映时不播放录制的旁白；选中【放映时不加动画】复选框，可以设置在幻灯片放映时不显示动画效果。

11.1.3 设置放映模式

在【设置放映方式】对话框的【放映类型】选项区域可以设置幻灯片的放映模式。

🔵 【演讲者放映】模式(全屏幕)：该模式是系统默认的放映类型，也是最常见的全屏放映方式。在这种放映方式下，演讲者现场控制演示节奏，具有放映的完全控制权。用户可以根据观众的反应随时调整放映速度或节奏，还可以暂停下来进行讨论或记录观众即席反应，甚至可以在放映过程中录制旁白。此模式一般用于召开会议时的大屏幕放映、联机会议或网络广播等。

📑【观众自行浏览】模式(窗口):观众自行浏览是在标准Windows窗口中显示的放映形式,放映时的PowerPoint窗口具有菜单栏、Web工具栏,类似于浏览网页的效果,便于观众自行浏览。

📑【在展台浏览】模式(全屏幕):采用该放映类型,最主要的特点是不需要专人控制就可以自动运行,在使用该放映类型时,如超链接等的控制方法都失效。当播放完最后一张幻灯片后,会自动从第一张重新开始播放,直至用户按下Esc键才会停止播放。

进阶技巧

使用【展台浏览】模式放映演示文稿时,用户不能对其放映过程进行干预,必须设置每张幻灯片的放映时间,或者预先设定演示文稿排练计时,否则可能会长时间停留在某张幻灯片上。

11.2　开始放映幻灯片

完成放映前的准备工作后,就可以开始放映已设计完成的演示文稿了。常用的放映方法有很多,比如从头开始放映、从当前幻灯片开始放映、自定义放映幻灯片等。

11.2.1　从头开始放映

从头开始放映是指从演示文稿的第一张幻灯片开始播放演示文稿。

在PowerPoint 2010中,打开【幻灯片放映】选项卡,在【开始放映幻灯片】组中单击【从头开始】按钮,或者直接按F5键,开始放映演示文稿,此时进入幻灯片放映视图的全屏模式。

11.2.2　从当前幻灯片开始放映

若用户需要从指定的某张幻灯片开始放映,则可以使用【从当前幻灯片开始】功能。

选择指定的幻灯片,打开【幻灯片放映】选项卡,在【开始放映幻灯片】组中单击【从当前幻灯片开始】按钮,显示从当前幻灯片开始放映的效果。此时进入幻灯片放映视图,幻灯片以全屏幕方式从当前幻灯片开始放映。

11.2.3 ◀ 自定义放映

　　自定义放映是指用户可以自定义演示文稿放映的张数，使一个演示文稿适用于多种观众，即可以将一个演示文稿中的多张幻灯片进行分组，以便对特定的观众放映演示文稿中的特定部分。用户可以用超链接分别指向演示文稿中的各个自定义放映，也可以在放映整个演示文稿时只放映其中的某个自定义放映。

【例11-2】为"丽江之旅"演示文稿创建自定义放映。

▶ 视频+素材 (光盘素材\第11章\例11-2)

01 启动PowerPoint 2010程序，打开"丽江之旅"演示文稿。

02 打开【幻灯片放映】选项卡，单击【开始放映幻灯片】选项组中的【自定义幻灯片放映】按钮，在弹出的菜单中选择【自定义放映】命令。

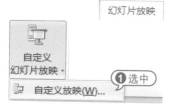

03 打开【自定义放映】对话框，单击【新建】按钮。

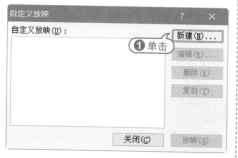

04 打开【定义自定义放映】对话框，在【幻灯片放映名称】文本框中输入文字

"丽江之旅"，在【在演示文稿中的幻灯片】列表中选择第1张和第2张幻灯片，然后单击【添加】按钮，将两张幻灯片添加到【在自定义放映中的幻灯片】列表中，单击【确定】按钮。

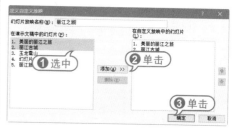

05 返回至【自定义放映】对话框，在【自定义放映】列表中显示创建的放映，单击【关闭】按钮。

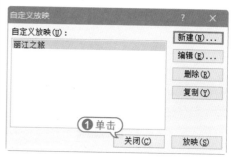

06 在【幻灯片放映】选项卡的【设置】选项组中单击【设置幻灯片放映】按钮，打开【设置放映方式】对话框，在【放映幻灯片】选项区域选中【自定义放映】单选按钮，然后在其下方的列表框中选择需要自定义放映的幻灯片，单击【确定】按钮。

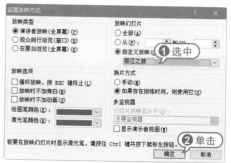

07 此时按下F5键时，将自动播放自定义放映幻灯片。

11.2.4 幻灯片缩略图放映

幻灯片缩略图放映是指可以让PowerPoint在屏幕的左上角显示幻灯片的缩略图，从而方便用户在编辑时预览幻灯片效果。

打开【幻灯片放映】选项卡，在【开始放映幻灯片】组中，按住Ctrl键，同时单击【从当前幻灯片开始】按钮，此时即可进入幻灯片缩略图放映模式。

在放映区域单击鼠标，逐一放映第2张幻灯片中的对象动画。放映完毕后，再次在放映区域单击鼠标，将切换到下一张幻灯片。

11.3 控制放映过程

在放映演示文稿的过程中，用户可以根据需要按放映次序依次放映、快速定位幻灯片、为重点内容作标记、使屏幕出现黑屏或白屏和结束放映等。

11.3.1 切换和定位幻灯片

在放映幻灯片时，用户可以从当前幻灯片切换至上一张幻灯片或下一张幻灯片中，也可以直接从当前幻灯片跳转到另一张幻灯片。

如果需要按放映次序依次放映(即切换幻灯片)，则可以进行如下几种操作：

- 单击鼠标左键。
- 在放映屏幕的左下角单击 按钮。
- 在放映屏幕的左下角单击 按钮，在弹出的菜单中选择【下一张】命令。
- 单击鼠标右键，在弹出的快捷菜单中选择【下一张】命令。

如果不需要按照指定的顺序进行放映，则可以快速定位幻灯片。在放映屏幕的左下角单击 按钮，从弹出的菜单中选择【定位至幻灯片】命令进行切换。

另外，单击鼠标右键，在弹出的快捷菜单中选择【定位至幻灯片】命令，从弹出的子菜单中选择要播放的幻灯片，同样可以实现快速定位幻灯片的操作。

11.3.2 添加标记

使用PowerPoint 2010提供的绘图笔可以为重点内容作标记。绘图笔的作用类似于板书笔，常用于强调或添加注释。用户可以选择绘图笔的形状和颜色，也可以随时擦除绘制的笔迹。

放映幻灯片时，在屏幕中右击鼠标，在弹出的快捷菜单中选择【指针选项】|【荧光笔】选项，将绘图笔设置为荧光笔样式，然后按住左键拖动鼠标即可绘制标记。

【例11-3】 放映"光盘策划提案"演示文稿，使用绘图笔标注重点。
🎬 视频+素材 (光盘素材\第11章\例11-3)

01 启动PowerPoint 2010程序，打开"丽江之旅"演示文稿。

02 打开【幻灯片放映】选项卡，在【开始放映幻灯片】组中单击【从头开始】按钮，放映演示文稿。

03 当放映到第2张幻灯片时，单击 ✎ 按钮，或者在屏幕中右击，在弹出的快捷菜单中选择【荧光笔】选项，将绘图笔设置为荧光笔样式。

04 单击 ✎ 按钮，在弹出的快捷菜单中选择【墨迹颜色】命令，从弹出的颜色面板中选择【黄色】选项。

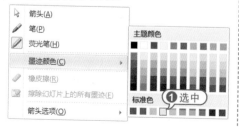

05 此时鼠标光标变为一个小矩形形状，在需要绘制的地方拖动鼠标即可绘制标记。

06 当放映到第3张幻灯片时，右击空白处，从弹出的快捷菜单中选择【指针选项】|【笔】命令。

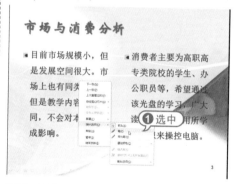

07 在放映视图中右击，从弹出的快捷菜单中选择【指针选项】|【墨迹颜色】命令，然后从弹出的颜色面板中选择【红色】色块。

08 此时拖动鼠标，在放映界面中的文字下方绘制墨迹。

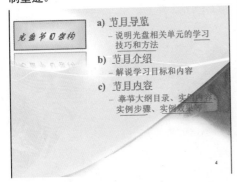

09 使用同样的方法，在其他幻灯片中绘制墨迹。

10 当幻灯片播放完毕后，单击鼠标左键退出放映状态时，系统将弹出对话框询问用户是否保留在放映时所做的墨迹注释。单击【保留】按钮，将绘制的注释图形保留在幻灯片中。此时标记在每张幻灯片上

的效果如下图所示。

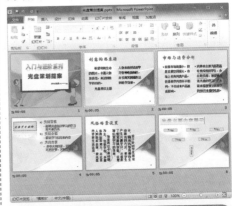

进阶技巧

当用户在绘制注释的过程中出现错误时，可以在右键菜单中选择【指针选项】|【橡皮擦】命令，单击墨迹将其擦除；也可以选择【擦除幻灯片上的所有墨迹】命令，快速将所有墨迹擦除。

11.3.3 使用激光笔

激光笔样式，可以将观看者的注意力吸引到幻灯片上的某个重点内容或特别要强调的内容。

将演示文稿切换至幻灯片放映视图状态下，按Ctrl键的同时，单击鼠标左键，此时鼠标光标变成激光笔样式，移动鼠标光标，将其指向观众需要注意的内容上。

激光笔默认颜色为红色，可以更改其颜色，打开【设置放映方式】对话框，在【激光笔颜色】下拉列表框中选择颜色即可。

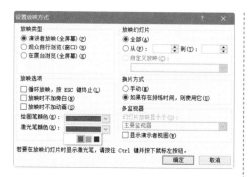

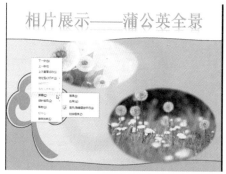

键菜单中选择【屏幕】|【黑屏】命令或【屏幕】|【白屏】命令即可。

11.3.4 使用黑白屏

在幻灯片放映的过程中，有时为了避免引起观众的注意，可以将幻灯片设置成黑屏或白屏显示。具体操作方法为，在右

除了选择右键菜单命令外，还可以直接使用快捷键。按下B键，将出现黑屏；按下W键，将出现白屏。

11.4 打包和发布演示文稿

用户将PowerPoint制作出来的演示文稿打包成CD，可供其他用户欣赏。发布演示文稿是将幻灯片存储到幻灯片库中，以达到共享和调用各个幻灯片的目的。

11.4.1 打包成CD

PowerPoint 2010提供了打包成CD的功能，在有刻录光驱的电脑上可以方便地将演示文稿及其链接的各种媒体文件一次性打包到CD上，轻松实现演示文稿的分发或转移到其他电脑上进行演示。

【例11-4】将"丽江之旅"演示文稿打包为CD。

视频+素材 (光盘素材\第11章\例11-4)

01 启动PowerPoint 2010程序，打开"丽江之旅"演示文稿。

02 单击【文件】按钮，在弹出的菜单中选择【保存并发送】命令，在中间窗格的【文件类型】选项区域选择【将演示文稿

打包成CD】选项，并在右侧的窗格中单击【打包成CD】按钮。

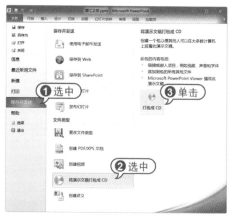

03 打开【打包成CD】对话框，在【将CD命名为】文本框中输入"丽江CD"，单击【选项】按钮。

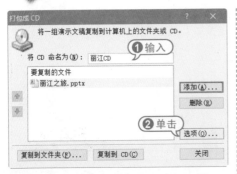

04 打开【选项】对话框，在密码文本框中输入相关的密码(这里设置打开密码为123，修改秘密为456)，单击【确定】按钮。

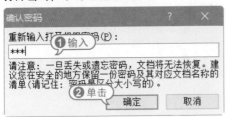

05 打开【确认密码】对话框，再次输入打开密码，单击【确定】按钮。

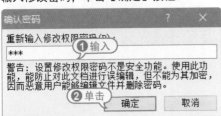

06 在打开的【确认密码】对话框中再次输入修改密码，单击【确定】按钮。

进阶技巧

如果用户的电脑上有刻录机，可以在【打包成CD】对话框中单击【复制到CD】按钮，PowerPoint将检查刻录机中的空白CD，在插入正确的空白刻录盘后，即可将打包的文件刻录到光盘中。

07 返回【打包成CD】对话框，单击【复制到文件夹】按钮。

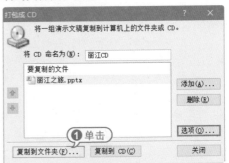

08 打开【复制到文件夹】对话框，在【位置】文本框的右侧单击【浏览】按钮。

09 打开【选择位置】对话框，在其中设置文件的保存路径，单击【选择】按钮。

10 返回至【复制到文件夹】对话框，在

【位置】文本框中查看文件的保存路径，单击【确定】按钮。

【例11-5】发布"丽江之旅"演示文稿。
📀视频+素材 (光盘素材\第11章\例11-5)

11 打开Microsoft PowerPoint提示框，单击【是(Y)】按钮。此时系统将开始自动复制文件到文件夹。

01 启动PowerPoint 2010程序，打开"丽江之旅"演示文稿。

02 单击【文件】按钮，在弹出的菜单中选择【保存并发送】命令，在中间窗格的【保存并发送】选项区域选择【发布幻灯片】选项，并在右侧的【发布幻灯片】窗格中单击【发布幻灯片】按钮。

12 打包完毕后，将自动打开保存的文件夹【旅游景点CD】，将显示打包后的所有文件。

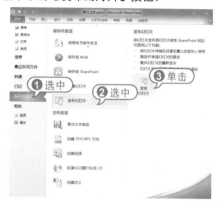

03 打开【发布幻灯片】对话框，在中间的列表框中选中需要发布到幻灯片库中的幻灯片缩略图前的复选框，然后单击【发布到】下拉列表框右侧的【浏览】按钮。

进阶技巧

如果所使用的电脑上没有安装PowerPoint 2010软件，但仍然需要查看幻灯片，这时就需要对打包的文件夹进行解包，才可以打开幻灯片文档，并播放幻灯片。

11.4.2 发布演示文稿

发布演示文稿是指将PowerPoint 2010幻灯片存储到幻灯片库中，以达到共享和调用各个幻灯片的目的。

04 打开【选择幻灯片库】对话框，选择发布的位置，单击【选择】按钮。

05 返回至【发布幻灯片】对话框，在【发布到】下拉列表框中显示演示文稿将

发布至的位置，单击【发布】按钮。

06 此时即可在发布的幻灯片库位置查看发布后的幻灯片。

11.5 输出为其他格式

演示文稿制作完成后，还可以将它们输出为其他格式的文件，如图片文件、视频文件、PDF文档等，以满足用户多用途的需要。

11.5.1 输出为图形文件

PowerPoint支持将演示文稿中的幻灯片输出为GIF、JPG、PNG、TIFF、BMP、WMF及EMF等格式的图形文件。这有利于用户在更大范围内交换或共享演示文稿中的内容。

在PowerPoint 2010中，不仅可以将整个演示文稿中的幻灯片输出为图形文件，还可以将当前幻灯片输出为图片文件。

【例11-6】将"丽江之旅"演示文稿输出为PNG格式的图片文件。

视频+素材 (光盘素材\第11章\例11-6)

01 启动PowerPoint 2010程序，打开"丽江之旅"演示文稿。

02 单击【文件】按钮，从弹出的菜单中选择【保存并发送】命令，在中间窗格的【文件类型】选项区域选择【更改文件类型】选项。在右侧【更改文件类型】窗格的【图片文件类型】选项区域选择【PNG可移植网络图形格式】选项，单击【另存为】按钮。

03 打开【另存为】对话框，设置名称和存放路径，单击【保存】按钮。

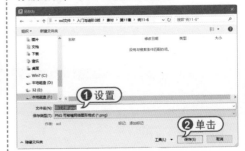

04 此时系统会弹出提示对话框，供用户选择输出为图片文件的幻灯片范围，单击【每张幻灯片】按钮，开始输出图片。

05 完成输出后，自动弹出提示框，提示用户每张幻灯片都以独立的方式保存到文件夹中，单击【确定】按钮即可。

06 打开保存的文件夹，此时6张幻灯片以PNG图像格式显示在文件夹中。

07 双击某张图片，打开并查看该图片。

11.5.2 输出为PDF/XPS文档

在PowerPoint 2010中，用户可以方便地将制作好的演示文稿转换为PDF/XPS文档。

【例11-7】将"丽江之旅"演示文稿输出为PDF格式文档。
🎬 视频+素材 (光盘素材\第11章\例11-7)

01 启动PowerPoint 2010程序，打开"丽江之旅"演示文稿。

02 单击【文件】按钮，在弹出的菜单中选择【保存并发送】命令。在中间窗格的【文件类型】选项区域选择【创建PDF/XPS文档】选项，并在右侧的【创建PDF/XPS文档】窗格中单击【创建PDF/XPS】按钮。

03 打开【发布为PDF或XPS】对话框，设置保存文档的名称和路径，单击【选项】按钮。

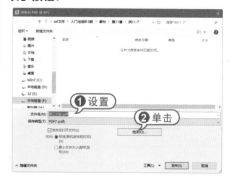

04 打开【选项】对话框，在【发布选项】选项区域选中【幻灯片加框】复选框，保持其他默认设置，单击【确定】按钮。

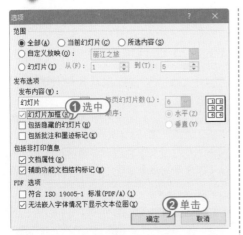

05 返回至【发布为PDF或XPS】对话框，在【保存类型】下拉列表框中选择PDF选项，单击【发布】按钮。

06 发布完成后，自动启动Adobe Reader应用程序，并打开发布成PDF格式的文档。

11.5.3 输出为视频文件

　　PowerPoint 2010还可以将演示文稿转换为视频内容，以供用户通过视频播放器播放

该视频文件，实现与其他用户共享该视频。

【例11-8】将"丽江之旅"演示文稿输出为视频。
🎬 视频+素材 (光盘素材\第11章\例11-8)

---

01 启动PowerPoint 2010程序，打开"丽江之旅"演示文稿。

02 单击【文件】按钮，在弹出的菜单中选择【保存并发送】命令。在中间窗格的【文件类型】选项区域选择【创建视频】选项，并在右侧窗格的【创建视频】选项区域设置显示选项和放映时间，单击【创建视频】按钮。

03 打开【另存为】对话框，设置视频文件的名称和保存路径，单击【保存】按钮。

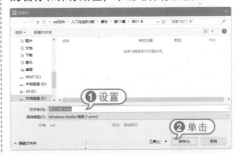

04 此时PowerPoint 2010窗口的任务栏中将显示制作视频的进度。

05 制作完毕后，打开视频存放路径，双击视频文件，即可使用电脑中的视频播放器来播放该视频。

11.6 进阶实战

本章的进阶实战部分为幻灯片标注重点这个综合实例操作，用户通过练习从而巩固本章所学知识。

【例11-9】放映"光盘策划提案"演示文稿，使用绘图笔标注重点。

🎬 视频+素材 (光盘素材\第11章\例11-9)

01 启动PowerPoint 2010应用程序，打开"光盘策划提案"演示文稿，打开【幻灯片放映】选项卡，在【开始放映幻灯片】组中单击【从头开始】按钮，放映演示文稿。

02 当放映到第2张幻灯片时，单击▨按钮，或者在屏幕中右击，在弹出的快捷菜单中选择【荧光笔】选项，将绘图笔设置为荧光笔样式。

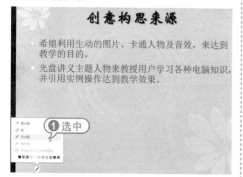

03 在放映视图中右击，从弹出的快捷菜单中选择【指针选项】|【墨迹颜色】

命令，然后从弹出的颜色面板中选择【红色】色块。

04 此时，鼠标光标变为一个小矩形形状 ▮，在需要绘制的地方拖动鼠标绘制标记。

创意构思来源

- 希望利用生动的图片、卡通人物及音效，来达到教学的目的。
- 光盘讲义主题人物来教授用户学习各种电脑知识，并引用实例操作达到教学效果。

05 当放映到第3张幻灯片时，右击空白处，从弹出的快捷菜单中选择【指针选项】|【笔】命令。

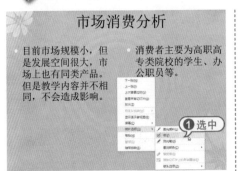

06 在放映视图中右击，从弹出的快捷菜单中选择【指针选项】|【墨迹颜色】命令，然后从弹出的颜色面板中选择【蓝色】色块。

07 此时拖动鼠标在放映界面中的文字下方绘制墨迹。使用同样的操作方法，在其他幻灯片中绘制墨迹。

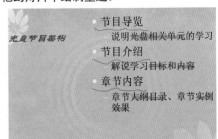

08 当幻灯片播放完毕后，单击鼠标左键退出放映状态时，系统将弹出对话框询问用户是否保留在放映时所做的墨迹注释。单击【保留】按钮，将绘制的注释图形保留在幻灯片中。

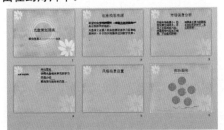

11.7 疑点解答

● 问：如何在演示文稿中将标注过后的墨迹删除？

答：在幻灯片编辑窗口中，选中使用笔功能标记的墨迹，此时墨迹在幻灯片中自动组合成为一个图形，按Delete键即可将其全部删除；逐个选中使用荧光笔功能标记的墨迹(按Ctrl键同时逐个选中墨迹)，按Delete键，删除选中的墨迹。

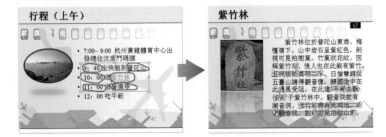

第12章

电脑网络化办公

在日常办公中，网络可以给用户带来很大的方便，如在局域网中可以共享资源、使用Internet可以下载办公资源、发送与接收电子邮件、与客户进行网上即时聊天等。本章将详细介绍电脑办公中网络化应用的内容。

对应光盘视频

12.1 组建办公网络

办公局域网与日常生活中所使用的互联网极其相似，只是范围缩小到了办公室而已。把办公用的电脑连接成一个局域网，电脑间共享资源，可以极大提高办公效率。

12.1.1 认识局域网

局域网，又称LAN(Local Area Network)，是在一个局部的地理范围内，将多台电脑、外围设备互相连接起来组成的通信网络，其用途主要在于数据通信与资源共享。

办公局域网一般属于对等局域网，在对等局域网中，各台电脑有相同的功能，无主从之分，网上任意节点电脑都可以作为网络服务器，为其他电脑提供资源。

通常情况下，按通信介质将局域网分为有线局域网和无线局域网两种。

💨 有线局域网：是指通过网络或其他线缆将多台电脑相连成局域网。但有线网络在某些场合要受到布线的限制：布线、改线工程量大；线路容易损坏；网络中的各节点不可移动。

💨 无线局域网：是指采用无线传输媒介将多台电脑相连成的局域网。这里的无线媒介可以是无线电波、红外线或激光。无线局域网(Wireless LAN)技术可以非常便捷地以无线方式连接网络设备，用户之间可随时、随地、随意地访问网络资源，是现代数据通信系统发展的重要方向。无线局域网可以在不采用网络电缆线的情况下，提供网络互联功能。

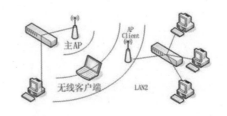

12.1.2 连接局域网

办公局域网如果是有线局域网，可以用双绞线和集线器或路由器将多台电脑连接起来。

1 双绞线

双绞线(Twisted Pair wire, TP)是最常见的一种电缆传输介质，它使用一对或多对按规则缠绕在一起的绝缘铜芯电线来传输信号。

在局域网中最为常见的是下图所示的由4对、8股不同颜色的铜线缠绕在一起的双绞线。

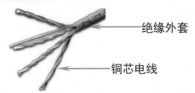

绝缘外套

铜芯电线

双绞线的接法有以下两种标准：

💨 568B标准，即正线：橙白，橙，绿白，蓝，蓝白，绿，棕白，棕。

💨 568A标准，即反线：绿白，绿，橙白，蓝，蓝白，橙，棕白，棕。

2 集线器和路由器

集线器的英文名称就是常说的Hub，英文Hub是"中心"的意思，集线器是网络集中管理的最基本单元。

随着路由器价格的不断下降，越来越多的用户在组建局域网时会选择路由器，如下图所示。与集线器相比，路由器拥有更加强大的数据通道功能和控制功能。

将网线一端的水晶头插入电脑机箱后的网卡接口中，然后将网线另一端的水晶头插入集线器的接口中。接通集线器即可完成局域网设备的连接操作。

使用相同的操作方法为其他电脑连接网线，连接成功后，双击桌面上的【网络】图标，打开【网络】窗口，即可查看连接后的多台电脑。

12.1.3 配置IP地址

IP地址是电脑在网络中的身份识别码，只有为电脑配置了正确的IP地址，电脑才能够接入网络。

【例12-1】在电脑中配置局域网的IP地址。 ⏵视频⏵

01 单击任务栏右方的网络按钮，在打开的面板中单击【网络设置】链接。

02 打开【设置】窗口，单击【更改适配器选项】链接。

03 打开【网络连接】窗口，双击【以太网】图标。

04 打开【状态】窗口，单击【属性】按钮。

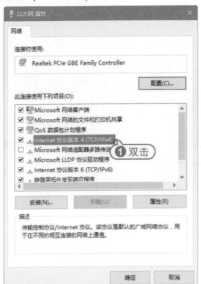

05 打开【属性】窗口，双击【Internet 协议版本4(TCP/IPv4)】选项。

06 打开【Internet 协议版本4(TCP/IPv4)属性】对话框，在【IP地址】文本框中输入本机的IP地址，按下Tab键会自动填写子网掩码，然后分别在【默认网关】、【首选DNS服务器】和【备用DNS服务器】中设置相应的地址。设置完成后，单击【确定】按钮，完成IP地址的设置。

12.1.4 测试网络连通

配置完网络协议后，还需要使用ping命令来测试网络连通性，查看电脑是否已经成功接入局域网。

在任务栏的搜索框中输入命令cmd，然后按下Enter键，打开【命令提示符】窗口。如果网络中有一台电脑(非本机)的IP地址是192.168.1.50，可在该窗口中输入命令ping 192.168.1.50，然后按下Enter键。如果显示字节和时间等信息的测试结果，则说明网络已经正常连通；如果未显示字节和时间等信息的测试结果，则说明网络未正常连通。

12.2 共享办公资源

当用户的电脑接入局域网后，就可以设置共享办公资源，目的是方便局域网中其他电脑的用户访问该共享资源。

12.2.1 设置共享资源

在局域网中，用户可将本地资源中的文件和文件夹设置为共享，从而方便其他用户访问和使用该共享文件或文件夹中的资源。

【例12-2】共享本地D盘中的【资料】文件夹。（视频）

01 双击桌面上的【此电脑】图标，打开【此电脑】窗口。双击【本地磁盘(D:)】图标，打开D盘窗口。

02 右击【资料】文件夹，选择【属性】命令。

03 打开【资料属性】对话框，切换至【共享】选项卡，然后单击【网络文件和文件夹共享】区域的【共享】按钮。

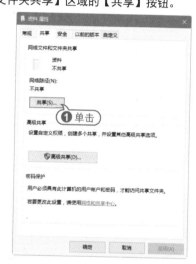

04 打开【文件共享】对话框，在上方的下拉列表中选择Everyone选项，然后单击【添加】按钮，Everyone即被添加到中间的列表中。

05 选中列表中刚刚添加的Everyone选项，然后单击【共享】按钮，系统即可开始共享设置，稍后即可打开【你的文件夹已共享】对话框。

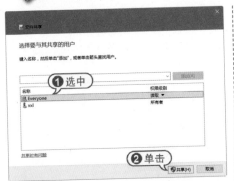

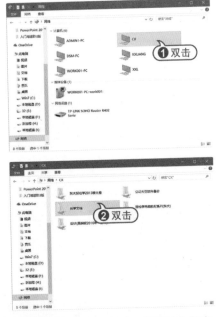

06 单击【完成】按钮，完成共享操作，返回【属性】对话框，单击【关闭】按钮，完成设置。

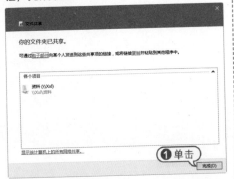

03 双击【资料】文件夹，打开该文件夹。

12.2.2 访问共享资源

在Windows 10操作系统中，用户可以方便地访问局域网中其他电脑上共享的文件或文件夹，获取局域网内其他用户提供的各种资源。

【例12-3】访问局域网内名为CX的电脑，打开共享的文件夹并复制其中的文档。
视频

01 双击桌面上的【网络】图标，打开【网络】窗口。双击CX电脑图标，进入用户CX的电脑。

02 双击【共享文档】文件夹，打开该文件夹。

04 右击【材料】文件，在弹出的快捷菜单中选择【复制】命令。

05 双击桌面上的【此电脑】图标，打开【此电脑】】窗口，双击其中的D盘图标，打开D盘，在空白处右击鼠标，在弹出的快捷菜单里选择【粘贴】命令，即可将CX电脑里的共享文档复制到本地电脑中。

进阶技巧

如果用户不想再继续共享文件或文件夹，可将其共享属性取消，取消共享后，其他人就不能再访问该文件或文件夹等资源。

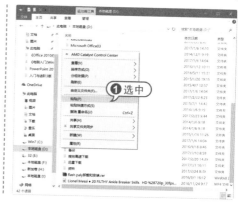

12.3 网络办公应用

用户可以使用浏览器软件在Internet上浏览网页，并查找办公资源。对于查找到的有用资源，用户还可将其保存或下载下来，以方便日后使用。

12.3.1 使用浏览器

浏览器是指可以显示网页服务器或文件系统的HTML文件内容，并让用户与这些文件交互的一种软件。网页浏览器主要通过HTTP协议与网页服务器交互并获取网页。

目前，办公人员最常用的浏览器有以下几种：

● IE浏览器：IE浏览器是微软公司Windows操作系统的一个组成部分。它是一款免费的浏览器，用户在电脑中安装了Windows系统后，就可以使用该浏览器浏览网页。

● 谷歌浏览器：Google Chrome，又称谷歌浏览器，是一款由Google(谷歌)公司开发的开放源代码的网页浏览器。该浏览器基于其他开放开源软件编写，包括WebKit和Mozilla，目标是提升稳定性、速度和安全性，并创造出简单且有效率的用户界面。目前，谷歌浏览器是世界上仅次于微软IE浏览器的网上浏览工具，用户可以通过Internet下载谷歌浏览器的安装文件。

● 火狐浏览器：Mozilla Firefox(火狐)浏览器是一款开源网页浏览器，该浏览器使用Gecko引擎(即非IE内核)编写，由Mozilla基金会与数百个志愿者开发。火狐浏览器是一款可以自由定制的浏览器，一般电脑技术爱好者都喜欢使用该浏览器。它的插件是世界上最丰富的，刚下载的火狐浏览器一般是纯净版，功能较少，用户需要根据自己的喜好对浏览器进行功能定制。

● 搜狗浏览器：搜狗浏览器是一款能够给网络加速的浏览器，可将公共教育网互访速度提升2~5倍。该浏览器可以通过防假死技术，使浏览器运行快捷流畅且不卡不死，具有自动网络收藏夹、独立播放网页视频、flash游戏提取操作等多项特色功能。

　　Windows 10系统自带的是IE11浏览器。IE浏览器的特点就是加入了标签页的功能，通过标签页可在一个浏览器中同时打开多个网页。

【例12-4】在IE中使用标签页浏览网页。

⊙视频

01 单击【开始】按钮，在弹出的菜单中选择【Windows 附件】|【Internet Explorer】命令。

02 启动IE 浏览器，然后在浏览器的地址栏中输入网址www.baidu.com，然后按Enter键，打开百度的首页。

03 单击【新建标签页】按钮，打开一个新的标签页。

04 在浏览器的地址栏中输入网址www.hupu.com，然后按Enter键，打开虎扑体育网的首页。

05 右击某个超链接，然后在弹出的快捷菜单中选择【在新标签页中打开】命令，即可在一个新的标签页中打开该链接。

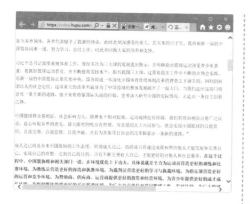

12.3.2 搜索网络资源

随着Internet的高速发展，网上的Web站点也越来越多。那么如何才能找到自己需要的信息呢？这就要使用到搜索引擎。

搜索引擎是一个能够对Internet中资源进行搜索整理，并提供给用户查询的网站系统，它可以在一个简单的网站页面中帮助用户实现对网页、网站、图像和音乐等众多资源的搜索和定位。目前Internet上搜索引擎众多，最常用的搜索引擎如下表所示。

网站名称	网　　址
百度	www.baidu.com
Google	www.google.com
搜狗	www.sogou.com

使用各种搜索引擎搜索办公信息的方法基本相同，一般是输入关键字作为查找的依据，然后单击【百度一下】或【搜索】按钮，即可进行查找。

【例12-5】使用百度搜索关于"平板电脑"方面的网页。 视频

01 启动IE浏览器，然后在浏览器的地址栏中输入网址www.baidu.com，然后按Enter键，打开百度的首页。在页面的文本框中输入要搜索网页的关键字"平板电

脑"，然后单击【百度一下】按钮。

02 百度会根据搜索关键字自动查找相关网页。在列表中单击一个超链接，即可打开对应的网页。例如单击【平板电脑 百度百科】超链接，可以在浏览器中访问对应的网页。

12.3.3 下载网络资源

网上具有丰富的资源，包括图像、音频、视频和软件等。用户可将自己需要的办公资源下载下来，存储到电脑中，从而

实现资源的有效利用。

1 使用浏览器下载

IE浏览器提供了文件下载功能。当用户单击网页中有下载功能的超链接后，IE浏览器即可自动开始下载文件。

【例12-6】使用IE浏览器，下载迅雷软件。

▶ 视频

01 打开IE浏览器，在地址栏中输入网址http://xl9.xunlei.com/。然后按Enter键，打开网页，单击【立即下载】按钮。

02 系统将自动打开下载提示对话框，在下载提示对话框中单击【保存】按钮，即可开始下载文件资源。

03 完成下载后，将弹出一个对话框提示是否运行下载的文件，用户在该对话框中单击【运行】按钮即可运行迅雷软件的安装程序。

2 使用迅雷下载

迅雷是一款出色的网络资源下载工具，该软件使用多资源超线程技术，能够对网络上存在的服务器和电脑资源进行有效整合，以最快的速度进行数据传递。

比如要使用迅雷下载聊天软件"腾讯QQ"，首先打开浏览器，在地址栏中输入网址http://im.qq.com/pcqq/。然后按Enter键，打开网页，右击【立即下载】，在弹出的快捷菜单中选择【使用迅雷下载】命令。

打开【新建任务】对话框，单击对话框右侧的 ▦ 按钮。

打开【浏览文件夹】对话框，选择下载文件的保存位置，然后单击【确定】按钮。返回【新建任务】对话框，单击【立即下载】按钮开始下载。

迅雷下载完成后,可以选择【迅雷】界面左侧【任务管理】列表框中的【已完成】选项,显示已经下载的资源。

12.4 网络办公交流

网络不仅扩大了人们的视野,同时也使电脑办公的交流和沟通更加方便快捷。使用电子邮件和QQ交流工具,可以方便快捷地交流办公信息,对商务往来和社交活动起着相当重要的作用。

12.4.1 使用QQ工具交流

腾讯QQ是一款即时聊天软件,在网络化办公中,通过QQ可以及时和联系人进行沟通、发送文件、发送图片以及进行语音和视频通话等,是目前使用最为广泛的聊天软件之一。

1 申请QQ号码

要使用QQ与他人聊天,首先要有一个QQ号码,这是用户在网上与他人聊天时对个人身份的特别标识。用户可以在腾讯的官网进行申请注册。

首先打开IE浏览器,在地址栏中输入网址http://zc.qq.com/chs/index.html,然后按Enter键,打开QQ注册的首页。输入昵称、密码、确认密码、验证码、手机号码等内容,并单击【获取短信验证码】按钮,将获得的手机短信验证码输入文本框中。然后单击【提交注册】按钮。

如果申请成功,将打开【申请成功】页面,显示申请到的新QQ号码,页面中显示的号码3099546296就是刚刚申请成功的QQ号码。

2 登录QQ号码

QQ号码申请成功后，就可以使用该QQ号码了。在使用QQ前首先要登录QQ。双击系统桌面上的QQ启动图标，打开QQ的登录界面。在【账号】文本框中输入QQ号码，然后在【密码】文本框中输入申请QQ时设置的密码。输入完成后，按Enter键或单击【登录】按钮，此时即可开始登录QQ，登录成功后将显示QQ的主界面。

3 设置个人资料

在申请QQ的过程中，用户已经填写了部分资料，为了能使好友更加了解自己，用户可在登录QQ后，对个人资料进行更加详细的设置。

QQ登录成功后，在QQ的主界面中，单击左上角的头像图标，打开一个界面，单击其中的【编辑资料】按钮，将展开编辑个人资料的界面。

在个人资料界面的其他选项区域，用户可根据提示设置自己的昵称、个性签名、生肖、血型等详细信息。完成设置后，单击【保存】按钮即可。

4 添加QQ好友

如果知道要添加好友的QQ号码，可使用精确查找的方法查找并添加好友。

【例12-7】添加好友的QQ号码。 视频

01 QQ登录成功后，单击其主界面下方的【查找】按钮，打开【查找】对话框，在【查找方式】选项区域选中【精确查找】单选按钮，在【账号】文本框中输入好友的QQ账号，单击【查找】按钮。

02 系统即可查找出QQ上的相应好友，选中该用户，然后单击按钮 +好友。

03 在【添加好友】对话框中要求用户输入验证信息。输入完成后，单击【下一步】按钮。

04 接着可以输入备注姓名和选择分组，这里保持默认设置，单击【下一步】按钮。

05 此时即可发出添加好友的申请，单击【完成】按钮等待对方验证。

06 对方同意验证后，即可成功地将其添加为自己的好友，自动弹出对话框进行聊天。

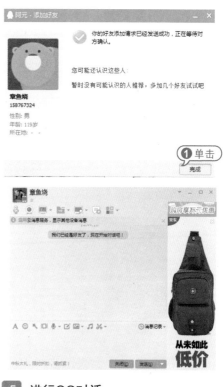

5 进行QQ对话

QQ中有了好友后，就可以与好友进行对话了。用户可在好友列表中双击对方的头像，打开聊天窗口，即可进行聊天。

在聊天窗口下方的文本区域中输入聊天的内容，然后按下Ctrl+Enter键或者单击"发送"按钮，即可将消息发送给对方。

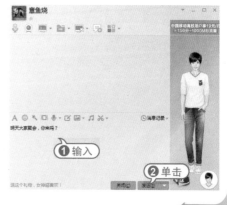

同时该消息以聊天记录的形式出现在聊天窗口上方的区域中，对方接到消息后，若对用户进行了回复，则回复的内容会出现在聊天窗口上方的区域中。

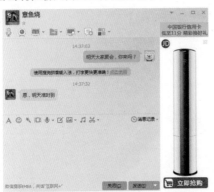

如果用户关闭了聊天窗口，则对方再次发来信息时，任务栏通知区域中的QQ图标会变成对方的头像并不断闪动，使用鼠标单击该头像即可打开聊天窗口并查看信息。

QQ不仅支持文字聊天，还支持语音及视频聊天，要与好友进行语音及视频聊天，电脑必须安装摄像头和耳麦，与电脑正确地连接后，就可以与好友进行语音和视频聊天了。用户登录QQ，然后双击好友的头像，打开聊天窗口，单击上方的【开始语音通话】按钮或【开始视频通话】按钮，给好友发送视频聊天的请求，等对方接受后，双方就可以进行视频聊天了。

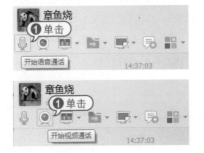

6 加入QQ群

QQ群是腾讯公司推出的一款多人聊天服务，当用户创建了一个群后，可邀请其他用户加入到一个群中共同交流，在其中可以很容易地找到一些志同道合的朋友。

用户可在QQ的主界面中单击【查找】按钮，打开【查找】窗口，选择【找群】选项卡，在左侧的不同类型的选项卡里，寻找个人有兴趣的类型群，比如单击【旅行】链接。

此时显示多个群的简介，选择一个群，单击【加群】按钮，将会打开【添加群】对话框。

在【添加群】对话框中输入验证信息，单击【下一步】按钮。

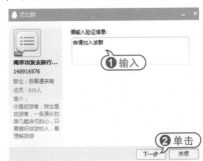

向该群发送加入请求，单击【完成】按钮，关闭该对话框并等待对方验证。

如果知道一个群的号码，就可以方便地加入该QQ群了。在【查找】窗口的【找群】选项卡中的文本框内输入群号，单击【搜索】按钮，出现该群后，单击【加群】按钮。然后出现【添加群】对话框，之后的操作步骤和前面加群的步骤一致。

加入群后，单击QQ主面板上的"群/讨论组"按钮，切换至群选项卡，双击群的名称即可打开群聊天窗口和群友进行聊天了。

12.4.2 使用电子邮件交流

电子邮件又叫Email，是指通过网络发送的邮件，和传统的邮件相比，电子邮件具有方便、快捷和廉价的优点。在各种商务往来和社交活动中，电子邮件起着举足轻重的作用。

要发送电子邮件，首先要有电子邮箱。目前国内的很多网站都提供了各有特色的免费邮箱服务。它们的共同特点是免费，并能够提供一定容量的存储空间。

申请电子邮箱后，用户可以在邮箱页面上输入用户名和密码，然后单击【登录】按钮即可登录电子邮箱。

进入邮箱首页后，单击页面左侧的【收件夹】标签即可显示邮箱中的邮件列表。

如果邮箱中有邮件，就可以阅读电子邮件了。如果想要给发信人回复邮件，直接单击【回复】按钮即可。

钮即可回复邮件。

单击邮箱主界面左侧的【写信】按钮，打开写信的页面。在【收件人】文本框中输入收件人的电子邮件地址，在【主题】文本框中输入邮件的主题，然后在邮件内容区域输入邮件的正文。单击【发送】按钮，即可发送电子邮件。

打开回复邮件的页面，系统会自动在【收件人】和【主题】文本框中添加收件人的地址和邮件的主题。用户只需在写信区域输入要回复的内容，单击【发送】按

12.5 常用的办公设备

掌握办公设备正确的使用方法不但可以大大地提高工作效率，还能有效保证设备的正常运行，延长设备的使用寿命。电脑办公设备主要包括打印机、扫描仪、传真机等。

12.5.1 使用打印机

打印机是电脑的输出设备之一，用户可以利用打印机将电脑中的文档、表格以及图片、照片等打印到相关介质上。目前办公常用的打印机类型为彩色喷墨打印机与激光打印机。

首先连接打印机硬件，打印机连接数据线缆的两头存在明显的差异。其中一头

是卡槽，另一头是螺丝或旋钮。将卡槽一头接到打印机后，再将带有螺丝或旋钮的一头接到电脑上。电脑机箱背面的并行端口通常带有打印机图标，将电缆的接头接到并行端口上，拧紧螺丝或旋钮将插头固定即可。将打印机电源插头插到电源上，完成以上操作后，打开打印机电源。

如果使用网络打印机，首先单击【开始】按钮，从弹出的【开始】菜单中选择【Windows系统】|【控制面板】选项，打开【控制面板】窗口，单击【查看设备和打印机】超链接。

打开【设备和打印机】窗口，单击【添加打印机】按钮。

选择网络上有打印机的电脑，如QHWK电脑选项，单击【选择】按钮。

选择该打印机，单击【选择】按钮，然后在打开的对话框中单击【下一步】按钮。

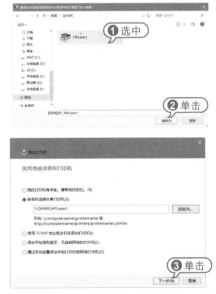

安装打印机程序后，单击【下一步】按钮。

此时添加打印机成功，单击【完成】按钮即可完成设置。

①单击

此时在【设备和打印机】窗口中，可以看到新添加的默认打印机。

例如使用PowerPoint 2010软件打印一份演示文稿，选择【文件】|【打印】命令，打开【打印】窗口。在其中可以进行打印设置，包括设置打印范围、打印份数、打印模式等内容，最后单击【打印】按钮，打印机就开始打印该文件。

②单击

①设置

12.5.2 使用扫描仪

扫描仪是一种光机一体化科技产品，是一种输入设备，可以将图片、照片、胶片以及文稿资料等书面材料或实物的外观扫描后输入到电脑中，并以图片文件格式保存起来。扫面仪主要分为平板式扫描仪和手持式扫描仪两种。

使用扫描仪前首先要将其正确连接至电脑，并安装驱动程序。扫描仪的硬件连接方法与其他办公设备的连接方法类似，只需将扫描仪的USB接口插入电脑的USB接口即可。扫描仪连接完成后，一般来说还要为其安装驱动程序，驱动程序安装完成后，就可以使用扫描仪来扫描文件了。

扫描文件需要软件支持，一些常用的图形图像软件都支持使用扫描仪，例如Microsoft Office工具的Microsoft Office Document Imaging程序。

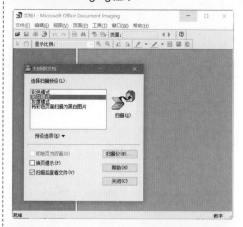

12.5.3 使用传真机

传真机在日常办公事务中发挥着非常重要的作用，因其可以不受地域限制发送信号，且具有传送速度快、接收的副本质量好、准确性高等特点，已成为众多企业传递信息的重要工具之一。

传真机通常具有普通电话的功能，但其操作比电话机复杂一些。传真机的外观与结构各不相同，但一般都包括操作面板、显示屏、话筒、纸张入口和纸张出口等组成部分。

其中，操作面板是传真机最为重要的部分，包括数字键、【免提】键、【应答】键和【重拨/暂停】键等，另外还包括【自动/手动】键、【功能】键和【设置】键等按键，以及一些工作状态指示灯。

1　发送传真

在连接好传真机之后，就可以使用传真机传递信息了

发送传真的操作方法很简单，先将传真机的导纸器调整到需要发送的文件的宽度，再将要发送的文件的正面朝下放入纸张入口。在发送时，应把先发送的文件放置在最下面。然后拨打接收方的传真号码，要求对方传输一个信号，当听到从接受方传真机传来的传输信号(一般是"嘟"声)时，按【开始】键即可进行文件的传输。

2　接收传真

接收传真的方式有两种：自动接收和手动接收。

▶ 设置为自动接收模式时，用户无法通过传真机进行通话，当传真机检查到其他用户发来的传真信号后，便会开始自动接收。

▶ 设置为手动接收模式时，传真的来电铃声和电话铃声一样，用户需手动操作来接收传真。手动接收的方法为：当听到传真机铃声响起时拿起话筒，根据对方要求，按【开始】键接收信号。当对方发送传真数据后，传真机将自动接收传真文件。

12.6　进阶实战

本章的进阶实战部分为设置信任站点这个综合实例操作，用户通过练习从而巩固本章所学知识。

【例12-8】在IE浏览器中设置信任站点信息。 🎬视频

01 启动IE 浏览器，单击【工具】⚙按钮，选择【Internet选项】命令。

02 打开【Internet选项】对话框，切换至【安全】选项卡，然后选择【受信任的站点】选项，单击【站点】按钮。

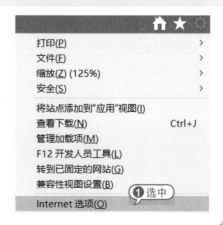

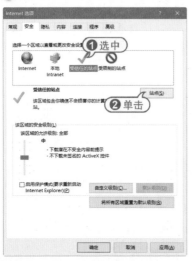

【将该网站添加到区域】文本框中输入信任网站的地址。单击【添加】按钮，网址将显示在【网站】列表框中，然后单击【关闭】按钮即可设置成功。

03 打开【受信任的站点】对话框，在

12.7 疑点解答

●问：在安装打印机时，发现打印机端口被禁用，应当如何解决？

答：要想启用打印机端口，可在【设备管理器】中进行操作。右击桌面上的【我的电脑】图标，在弹出的快捷菜单中选择【管理】命令，打开【计算机管理】对话框。单击左边列表中的【设备管理器】选项，然后在右侧的列表中展开【端口(COM和LPT)】选项。若打印机端口被禁用，则该选项下的【打印机端口(LPT1)】选项上会有一个黑色的符号。右击【打印机端口(LPT1)】选项，在弹出的快捷菜单中选择【启用】命令，即可重新启用该端口。